国家科技支撑计划

National Key Technology R&D Program

“十二五”国家科技支撑计划项目

“国际背景下我国重点行业碳排放核查及低碳产品认证认可关键技术研究与示范”成果系列丛书

国际背景下我国碳排放MRV体系建设研究

国家市场监督管理总局认证认可技术研究中心 编著

中国标准出版社

北京

本书的出版受以下课题资助：
“十二五”国家科技支撑计划项目
“国际背景下我国重点行业碳排放核查及低碳产品认证认可关键技术研究与示范”（项目编号 2013BAK15B00）
课题六“国际背景下我国行业碳排放核查综合技术研究与示范”（课题编号 2013BAK15B06）

图书在版编目（CIP）数据

国际背景下我国碳排放 MRV 体系建设研究 / 国家市场监督管理总局认证认可技术研究中心编著 . -- 北京 : 中国标准出版社 , 2024.11
ISBN 978-7-5066-8545-0

Ⅰ . ①国… Ⅱ . ①国… Ⅲ . ①二氧化碳—排气—研究—中国 Ⅳ . ① X511

中国版本图书馆 CIP 数据核字 (2017) 第 019693 号

中国标准出版社　出版发行

北京市朝阳区和平里西街甲 2 号（100029）
北京市西城区三里河北街 16 号（100045）
网址：www.spc.net.cn
总编室：（010）68533533　发行中心：（010）51780238
读者服务部：（010）68523946
中国标准出版社秦皇岛印刷厂印刷
各地新华书店经销
*
开本 787×1092　1/16　印张　4.25　字数　76 千字
2024 年 11 月第一版　　2024 年 11 月第一次印刷
*
定价：30.00 元

“十二五”国家科技支撑计划项目
“国际背景下我国重点行业碳排放核查及低碳产品认证认可关键技术研究与示范”

《国际背景下我国碳排放MRV体系建设研究》
编审委员会

主　任　刘宗德

主　编　刘　克　孙天晴

副主编　杨泽慧

编　委　曹　鹏　刘勤书　胡国瑞　江　丽
陈　亮　孙春艳　孙敏杰　郝　静
程道来　孙　璐　崔永慧　王　宇
白慧卿　文　静　刘　岩　刘明亮

主　审　刘先德　陈　悦　葛红梅　王晓冬

前　言

从 20 世纪 90 年代开始，在市场经济大背景下，为应对气候变化，无论是国际还是国内都开始行动起来，纷纷通过国际减排合作、国内减排监管以及碳市场运行等措施的实施逐步限制温室气体的排放。国际减排合作、国内减排监管以及碳市场的运行需要公开、公正、公平的碳排放核查体系，借助已经形成的认证认可制度，建立碳排放监测、报告和核查体系（MRV 体系）来进行碳排放测量、报告及核查，是当前国际上一种有效的方法。

纵观国际上各种减排机制，无论是清洁发展机制（CDM）、联合履约机制（JI）、欧盟强制性的碳排放交易制度（ETS），还是国际自愿减排机制（VCS）和黄金标准，都是将一套相对完善的认证认可体系作为提供准确排放结果的基本保障。也就是说，使用第三方机构对温室气体的排放和减排进行具体的审定与核查，并由一个权威的认可机构依据规范对第三方机构的能力、管理、过程控制及结果进行评审，已经成为一种比较成熟的认证认可的模式。例如，在国家认可机制的制度保障体系下由有能力的第三方机构按照规范或者标准对项目、产品以及服务的温室气体排放进行客观的审定、核查与评价，为购买方及各相关方提供客观、可信的审定核查结果，从而确保温室气体交易能够在公开、公正、公平的系统下有效运行。

本书在介绍碳排放 MRV 体系的国际背景、国内发展历程的基础上，系统、详细地分析了清洁发展机制（CDM）、欧盟碳市场（EU ETS）碳排放第三方排放认证与核查机制等国际经验，并重点结合我国碳排放核算、报告及核查体系现状及存在的问题，提出了对我国建立碳排放 MRV 体系的若干建议。

本书的出版得到“十二五”国家科技支撑计划项目“国际背景下我国行业碳排放核查综合技术研究与示范”课题经费的支持，在此表示衷心的感谢。

在项目研究和书籍编写过程中，我们得到了多位专家学者的指导和帮助。何建坤老师对项目最初的研究目标和方向进行宏观把控，提出了颇具前瞻性和建设性的指导。在三年多的研究过程中，何建坤、郎志正、徐华清、陈伟、郑丹星、韦志洪等专家、学者对研究内容进行了密切跟踪和指导，让我们受益匪浅。

最后，由于水平有限，本书难免有错漏之处，敬请读者批评、指正和交流。

编著者

2019 年 12 月 26 日于北京

目录

1 碳排放 MRV 体系

1.1 MRV 体系简介

1.1.1 什么是 MRV 体系

第 13 次《联合国气候变化框架公约》(UNFCCC) 缔约方会议通过了“巴厘岛路线图”，要求所有发达国家缔约方都须遵守温室气体排放量可监测 (measurable)、可报告 (reportable)、可核查 (verifiable) 的减排原则。其中，可测量是指采取的措施及其结果是可测量的；可报告是指能够按照《联合国气候变化框架公约》或其他达成一致的要求进行报告；可核查是指能够通过协商一致的方式进行核实，包括国内核实和国际核实。

在这个原则性要求之下，各缔约方建立的可服务于碳排放权交易 (简称“碳交易”) 市场的监测 (measurement)、报告 (reporting) 和核查 (verification) 体系 (MRV 体系)，涵盖了基础性制度和相关的技术标准。监测是指碳排放数据和信息的收集，报告是指数据报送或信息披露，核查是对碳排放报告的定期审核或第三方评估。MRV 体系是碳交易市场建设的重要前提，也是碳交易数据质量的根本保障。

1.1.2 MRV 体系相关法规和标准

MRV 体系的建立有赖于基础性制度的支撑和相关技术标准的补充，这些基础性制度和技术标准就是 MRV 体系相关法规和标准。实施碳交易的国家，在交易之初均制定了明确的 MRV 体系相关法规和标准。按照内容划分一般包括三部分：一是企业的监测、量化和报告指南；二是用于核查的指南；三是第三方核查机构的认定管理指南。

尽管各国的 MRV 体系相关法规和标准都是围绕这三部分内容进行设计，但体现形式却不尽相同。例如：美国采用联邦立法形式指导和规范碳排放监测和核查工作。2009 年美国国家环境保护局（EPA）根据国会要求以及《清洁空气法案》的授权，制定并颁布了《温室气体强制报告计划》（GHGRP）。这份全国性的报告制度包含了 31 个工业部门和种类，覆盖了美国约 85% 的排放源，规定了温室气体的种类、报告监测对象的适用范围、报告的时间安排、停止报告的条件、报告的主要内容、监测方法的要求等内容。而欧盟则采用了区域整体立法的方式支撑碳交易活动，主要有欧盟排放贸易指令（Directive 2003/87/EC）和链接指令（Directive 2009/29/EC）、监测和报告条例（Monitoring and Reporting Regulation）和认证与核查条例（Accreditation and Verification Regulation，AVR）、欧盟监测决定 Decision No.280/2004/EC 和欧盟温室气体监测机制运行决定 Decision 2005/166/EC、监测和报告指南（Monitoring and Reporting Guidelines）MRG 2004 和 MRG 2007 等。

与发达国家不同，我国碳排放交易市场的建设起步较晚，MRV 体系相关法律法规还不够完善。2014 年以来，国家发展改革委发布了 24 个重点行业企业温室气体核算方法和报告指南，并会同标准委将 11 个核算指南以国家标准的形式发布；此外，还研究起草了《全国碳排放权交易配额总量设定与分配方案》《碳排放权交易管理暂行办法》等，推动建设全国统一的碳排放权交易市场。

1.1.3 MRV 体系的内涵

市场机制作为解决温室气体减排问题的新路径，把碳排放权作为一种商品进行交易，交易的不是真实的产品而是数据。数据的真实性、可靠性和准确性是 MRV 体系的根基，是整个监测、报告和核查工作的重中之重。排放企业和核查组织在进行温室气体排放监测和报告过程中，对数据质量的管理贯穿整个 MRV 的实施过程。

碳排放 MRV 体系监测、报告和核查的对象包括组织、项目、设备与活动。各国（地区）碳交易主管部门根据交易市场以及管理辖区的实际情况决定监管对象，有对设备进行监管的，有对企业活动进行监管的，还有对工厂和组织进行监管的。如日本选择了商业设施和工厂，美国、加拿大选择了年排放量不低于 25000 吨（二氧化碳当量）的实体或设施以及火力发电厂，英国选择了中央政府部门、大学、零售商、银行、水务公司、酒店以及地方政府组织，我国深圳选择以法人为单位的组织。温室气体主要包括二氧化碳、甲烷、氧化亚氮、氢氟碳化物、全氟碳化物和六氟化硫。目前各国主要监控的是二氧化碳。随着碳交易活动的深入开展，其他气体必将逐步纳入监管范围。

通常情况下，碳排放数据需要设定基准年和实质性偏差，以保证数据质量。

基准年是用来将不同时期的温室气体排放（或其他温室气体相关信息）进行比较的特定历史时段。设定基准年的目的就是便于比较以及准确计算增加或减少的排放量。当出现运行边界发生变化、温室气体源的所有权或控制权发生转移（进入或移出组织边界）、温室气体量化方法学变更等情况，且达到预先设定的重要限度时，应重新计算基准年排放数据，然后才能进行数据的比较和应用。

实质性偏差是指温室气体声明中可能影响目标用户决策的一个或若干个累积的实际错误、遗漏和错误解释，其本质上是核算出来的数据与真实值之间的偏差。碳交易对数据的偏差是有明确的要求的，只有当核算出来的数据的实质性偏差满足碳交易对实质性偏差要求时，这个数据才是可用的。实质性偏差一般来说分为三个层次：组织层次、设施层次和源层次。

除直接对数据进行核查以外，核查机构还可以采用生产量与排放量的趋势比较、GDP 与排放量趋势的比较、行业碳强度的对比分析、主要耗能设备统计对比分析等多种方法交叉验证，将数据质量管理贯穿整个核查过程。

1.2 MRV 体系的重要意义

MRV 体系是国际社会对温室气体排放和减排监测的基本要求，是《联合国气候变化框架公约》下国家温室气体排放清单和《京都议定书》下三种履约机制（国际排放交易机制、联合履约机制、清洁发展机制）的实施基础，更是各国建立碳排放权交易体系的基石。从对国际谈判的分析中可以看出，公开、公正、公平的 MRV 体系正在成为未来共同应对气候变化和不断增进国际信任的重要环节，正在成为全球碳市场对接的纽带。该体系既满足了跟踪各国适当减缓行动（nationally appropriate mitigation actions，NAMA）气候变化解决方案的要求，也涵盖了因政治经济体制差异、国家发展阶段和目标不同而形成的多种政策和行动。

1.2.1 有利于国际气候谈判

在国际谈判中，MRV 正逐步发展为 NAMA 的关键环节之一。1992 年通过的《联合国气候变化框架公约》不仅确立了依据“共同但有区别责任”采取减缓和适应措施来应对气候变化的国际准则，还要求缔约方提供、定期更新以及公布国家履约信息通报，这被认为是 MRV 体系发展的雏形。1997 年《联合国气候变化框架公约》第 3 次缔约方会议达成的《京都议定书》提出，气体源的排放和各种汇的去除及相应举措应当以公开和可核查的方式进行报告，并依据第七条和第八条进行核查。这表明了国际社会希望借 MRV 体系增强透明度的决心。“巴厘岛路线图”则明晰化了对 MRV 体系的要求：发达国家的 NAMA 应符合可监测、可报告和可核查的要求；发展中国家使用发达国家援助的技术、资金和能力所建立的 NAMA 也要符合可监测、可报告和可核查的要求。2009 年《联合国气候变化框架公约》第 15 次缔约方会议暨《京都议定书》第 5 次会议达成的《哥本哈根议定》进一步具体化了 MRV 体系的执行，包括主体、条件、频度、方式等，并在附录中预留了未来谈判的空间。

1.2.2　有利于发展中国家碳市场建立

对于发展中国家而言，在碳排放的监管工作中，面对众多的排放主体，政府部门逐一对其碳排放情况进行核查的成本很高，且难以实现。在对排放主体的碳排放进行报告和核查过程中，通过第三方机构的广泛参与，能够降低政府对碳排放监管工作的监管成本，提高政府对碳排放监管工作的效率；同时，能够提高政府对碳排放监管的透明度和公信力。对中国等发展中国家而言，只有建立起来一套科学的、准确的碳排放登记注册系统和结算系统，才能让美国、欧盟等发达国家和地区信服这套碳排放交易体系确实是起作用的。也只有建立起 MRV 体系，才有可能把未来国内的碳市场跟美国、欧盟乃至全球的碳市场进行对接。

我国作为最大的发展中国家，在国际上所承受的减排的舆论压力也越来越大。按照国际能源署（IEA）的统计，我国于 2006 年超过美国成为全球第一大碳排放国，随后碳排放量逐年上升，与其他主要排放实体的差距越拉越大，2012 年排放量占到了全球的 26.9%。此外，党的十八届三中全会提出要推行碳排放权交易制度。因此有必要在我国碳市场建立公平、有效的 MRV 体系，主要体现在：

第一，客观公正地选取核查机构。核查机构的选取应更加市场化、透明化，吸收更多有能力帮助政府进行碳核查的第三方机构作为支撑方。

第二，对核查机构进行统一、强有力的监管，关键点是确保第三方机构的独立性。核查机构类似清洁发展机制执行理事会下属的指定经营实体，由更加独立的随机选择的专家团队组成。

第三，应对核查人员进行更加严格的管理，特别是在核查人员核查能力提升以及保密意识的培养上，形成一套完整的体系。对于核查数据的不确定性，应采用类似清洁发展机制的保守原则，在多方数据都合理的情况下，取保守性数据，以降低配额被放大的可能性。

第四，严格制止核查机构参与国家核证自愿减排量（CCER）项目的开发以及配额托管等相关业务以降低利益冲突的可能性。对于咨询公司的实际控制人应有相关的调查和管理，以确认其没有同时参与第三方碳核查和碳配额管理、CCER 项目开发等咨询业务。

1.2.3 有利于可持续发展

从可持续发展角度看，MRV 体系在碳排放制度建设中具有重要的意义。碳排放权已经变成了一种抽象的、可分割、可交易的法律权利，而各国围绕碳排放权已展开了全球政治博弈。利益的发展变化决定着法律的发展变化，同时，法律对利益的形成、实现和发展有能动的反作用。相应地，任何国际公约及其制度设计，在法律上体现为具体的权利和义务，但本质上是缔约主体间的利益分配。总而言之，碳排放权决定了发展权，发展权体现了碳排放权。作为发展中大国，我国应当在可持续发展的框架下，统筹考虑经济发展、消除贫困、保护气候，实现发展和应对气候变化的双赢，确保发展中国家发展权的实现。基于此，有学者呼吁，对于在国际话语体系下形成的“碳政治”而言，我国缺乏的不是具体的谈判主张和策略，而是统摄这些主张和策略的整体国家发展战略，以及为这套国家战略奠定正当性基础的话语系统。有学者通过分析世界能源基本状况和发展趋势，提出了建设中国特色新型能源的发展思路，即建立一个利用效率高、技术水平先进、污染排放低、生态环境影响小、供给稳定安全的能源生产流通消费体系；还有学者跳出现有京都模式的思维定式，基于人文发展的基本碳排放需求理论与方法，研究构建更为公平、有效的碳预算方案。毫无疑问，构建有中国特色而且与国际接轨的、灵活科学的 MRV 体系，是实现可持续发展和不断推进 NAMA 的重要基础，也必将成为碳排放制度建设中一项紧迫而长期的艰巨任务。

2 碳排放 MRV 体系发展历程

世界各国为了应对气候变化，经过努力而艰难的谈判，达成了一系列的协议。从 1992 年首次缔约方会议达成《联合国气候变化框架公约》，到第 3 次缔约方会议通过《京都议定书》，再到第 21 次缔约方会议达成《巴黎协定》，这些协议的实施，对 MRV 体系建设提出了相应的要求。

2.1 气候变化国际公约及会议

2.1.1 联合国气候变化框架公约

1992 年 5 月 9 日，联合国气候变化框架公约政府间谈判委员会就气候变化问题达成了《联合国气候变化框架公约》（以下简称“公约”），并于 1992 年 6 月 4 日 ~6 月 14 日在巴西里约热内卢举行的联合国环境与发展会议（地球首脑会议）上通过。这是世界上第一个为全面控制二氧化碳等温室气体排放，以应对全球气候变暖给人类经济和社会带来不利影响的国际公约，也是国际社会在对付全球气候变化问题上进行国际合作的一个基本框架。

《联合国气候变化框架公约》将缔约国分为三类：

1）工业化国家。这些国家承诺以 1990 年的排放量为基础进行削减，承担削减排放温室气体的义务。如果不能完成削减任务，可以从其他国家购买排放指标。

2）发达国家。这些国家不承担具体削减义务，但承担为发展中国家提供资金、技术援助的义务。

3）发展中国家。不承担削减义务，以免影响经济发展，可以接受发达国家的资金、技术援助，但不得出卖排放指标。

2.1.2 京都议定书

1997 年 12 月，第 3 次《联合国气候变化框架公约》缔约方会议在日本京都制定了《京都议定书》(Kyoto Protocol)，这是《公约》的补充条款，于 2005 年 2 月 16 日开始强制生效。其目标是将大气中的温室气体含量稳定在一个适当的水平，进而防止剧烈的气候改变对人类造成伤害，这是人类历史上首次以法规的形式限制温室气体排放。

《京都议定书》还规定了主要发达国家的减排时间表和额度。发达国家从 2005 年开始承担减少碳排放量的义务，而发展中国家则从 2012 年开始承担减排义务。《京都议定书》对 2008 年到 2012 年第一承诺期发达国家的减排目标做出了具体规定，即整体而言发达国家温室气体排放量要在 1990 年的基础上平均减少 5%。

《京都议定书》还规定了完成减排目标所采取的 4 种减排方式。分别是：

1）两个发达国家之间可以进行排放额度的买卖，即难以完成削减任务的国家，可以花钱从超额完成任务的国家买进超出的额度。

2）以净排放量计算温室气体排放量，即从本国实际排放量中扣除森林所吸收的二氧化碳的数量。

3）可以采用绿色开发机制，促使发达国家和发展中国家共同减排温室气体。

4）可以采用集团方式，即将欧盟内部的多个国家视为一个整体，采取有的国家削减、有的国家增加的方法，在总体上完成减排任务。

2.1.3 巴厘岛路线图

2007 年 12 月，《联合国气候变化框架公约》第 13 次缔约方会议在印尼巴厘岛召开，最终通过了“巴厘岛路线图”，目的在于针对气候变化而寻求国际共同解决措施。“巴厘岛路线图”确定了未来强化落实《联合国气候变化框架公约》的领域，并为其进一步实施指明了方向。

“巴厘岛路线图”对缔约国减排行动提出了“可测量(measurable)、可报告(reportable)、可核查(verifiable)”的要求。要求发达国家和发展中国家的减排行动必须符合 MRV 的要求[①]，发达国家对发展中国家技术和资金支持也要符合 MRV 的要求。

① 对发达国家和发展中国家的 MRV 要求的具体指标不同。

2.1.4 哥本哈根协议

《哥本哈根协议》是第 15 次《联合国气候变化框架公约》缔约方会议暨第 5 次《京都议定书》缔约方会议上达成的，是就各国二氧化碳的排放量问题签署的协议，主要内容为根据各国的 GDP 大小确定减少二氧化碳的排放量。《哥本哈根协议》的目的是商讨《京都议定书》第一承诺期到期后的后续方案。

2.1.5 坎昆协议

《坎昆协议》是于 2010 年 12 月在墨西哥坎昆召开的第 16 次《联合国气候变化框架公约》缔约方会议上签署的，是关于加强《联合国气候变化框架公约》和《京都议定书》实施的一系列决定的总称，是在《联合国气候变化框架公约》和《京都议定书》双轨谈判中取得的平衡结果，主要内容如下：

一是首次在缔约方会议决定中明确写入了发达国家的历史责任，要求发达国家必须率先减排并进一步提高减排承诺；二是《京都议定书》的谈判取得积极进展，明确要求确保议定书第一承诺期和第二承诺期之间没有空当，反映了国际社会延续《京都议定书》的主流意见；三是发展中国家所关心的适应、资金、技术等问题的机制安排取得了重要进展；四是进一步重申了经济社会发展是发展中国家首要和压倒一切的优先任务，并强调了各方公平获得可持续发展空间的权利；五是在会前被视为难点的“三可”和“国际磋商和分析”问题上达成了原则共识，为会议取得平衡的成果扫除了障碍。

2.1.6 德班会议

德班气候大会于 2011 年 11 月 28 日开幕，共有来自世界约 200 个国家和机构的代表参会。194 个与会方一致同意将《京都议定书》的法律效力再延长 5 年。

德班会议取得五大成果，一是坚持了《联合国气候变化框架公约》《京都议定书》和“巴厘路线图”的授权，坚持了双轨谈判机制，坚持了“共同但有区别的责任”原则；二是就发展中国家最为关心的《京都议定书》第二承诺期问题作出了安排；三是在资金问题上取得了重要进展，启动了绿色气候基金；四是在《坎昆协议》基础上进一步明确和细化了适应、技术、能力建设和透明度的机制安排；五是深入讨论了 2020 年后进一步加强《联合国气候变化框架公约》实施的安排，并明确了相关进程，向国际社会发出了积极信号。

2.1.7 多哈会议

第 18 次《联合国气候变化框架公约》缔约方会议和第 8 次《京都议定书》缔约方会议于 2012 年 11 月至 12 月在卡塔尔首都多哈举行。多哈会议通过了《京都议定书》修正案、关于长期气候资金和《联合国气候变化框架公约》长期合作工作组成果、德班平台以及损失损害补偿机制四项决议，最终达成了多哈一揽子协议，主要内容包括：

一是通过了《京都议定书》修正案，确定了 8 年的第二承诺期；二是附件一所列缔约方于 2014 年 4 月 30 日之前重新审视第二承诺期的减排目标，并提交相关信息，说明提高承诺追求水平的意愿；三是规定自 2013 年 1 月 1 日起，只有确定了具体减排目标的发达国家才能购买和使用核证减排量；四是对第一承诺期的剩余的减排额度作出差额结转的规定；五是增加第七种温室气体 NF_3，其计算基准年可选择 1995 年或者 2000 年。

多哈会议还通过了其他一些重要文件，如《解决气候脆弱的发展中国家因气候变化造成的损失损坏方案》，这是发展中国家首次得到了此类保证，也是首次将气候变化损失损坏纳入国际法律文件中。

2.1.8 利马会议

2014 年 12 月，《联合国气候变化框架公约》第 20 次缔约方会议暨《京都议定书》第 10 次缔约方会议在秘鲁首都利马举行，该会议是 2015 年巴黎会议的前哨战，主要取得如下成果：

一是形成了 2015 年缔约方会议协议草案要素的正式文件，为下阶段谈判打下了重要的基础；二是对于国家自主贡献的范围、信息和后续处理做出了进一步的决定；三是进一步明确了新协议应体现“共同但有区别的责任”原则；四是对改进技术专家会议（TEM）和建立目标实施进展的信息交流机制作出了进一步的安排；五是资金问题取得了阶段性成果；六是完善了华沙损失与损害国际机制，进一步明确了执行委员会的相关职能，制定了两年工作计划；七是决定启动第一次国际评估与审评机制下的多边评估进程。

2.1.9 巴黎协定

2015 年 12 月 12 日第 21 次《联合国气候变化框架公约》缔约方大会暨《京都议定书》第 11 次缔约方会议在巴黎开幕，共有 147 位国家元首或政府首脑出席。

最终，近 200 个国家签署了《巴黎协定》。协定共 29 条，包含目标、减缓、适应、损失损害、资金、技术、能力建设、透明度和全球盘点等内容，主要有如下亮点：一是明确目标为控制气温上升在 2℃之内，将 1.5℃作为努力目标；二是实现温室气体排放达到峰值，并在本世纪下半叶实现温室气体净零排放；三是各方将以“自主贡献”的方式参与全球应对气候变化行动；四是从 2023 年开始，每 5 年将对全球行动总体进展进行一次盘点。

2.2 气候变化国际公约在 MRV 方面对发达国家的要求

2.2.1 报告和审议的要素

《联合国气候变化框架公约》要求报告和审议以下要素：

1）国家温室气体清单，包含有关温室气体排放的信息，如用于估计这些排放的活动数据、排放因子和方法。依据相关的报告和审议指南，每年都应对国家温室气体清单进行报告和审议；

2）国家信息通报，包含的信息有国家温室气体排放、与气候有关的政策和措施、温室气体预测、面对气候变化的脆弱和适应、对非附件一缔约方的金融支持和技术转让、提高公众对气候变化的意识的行动。附件一缔约方每四至五年提交一次国家信息通报。附件一缔约方应依据相关的报告指南，定期对国家信息通报进行编制和报告。在提交后的一至两年，国家信息通报会由国际专家审议小组进行审议。

3）两年期报告（BR），包含的信息有减排进展、向非附件一缔约方提供金融、技术和能力建设的支持。如果两年期报告与国家信息通报在同年提交，则与国家信息通报一同被审议。如果不是同年提交，则进行集中审议。

同时作为《联合国气候变化框架公约》的补充条款，《京都议定书》对附件一缔约方有两个定期和持续的报告要求，分别为年度报告和定期的国家信息通报。除了提交《联合国气候变化框架公约》要求的信息外，《京都议定书》还要求附件一缔约方提交两个一次性的报告，分别为调整期报告和初始报告。

《京都议定书》要求报告和审议以下要素：

1）年度报告，包含国家温室气体清单和有关《京都议定书》实施的补充信息，如国家 MRV 体系、记录的变更等；

2）定期的国家信息通报，包含有关《京都议定书》实施的补充信息，如国家 MRV 体系、记录的描述等；

3）调整期报告，在承诺期结束时提交，旨在确定与其承诺的符合性；

4）初始报告，在 2006 年 12 月 31 日之前提交，或在《京都议定书》对其生效一年后提交，其内容包含一份完整的温室气体清单时间序列、对其分配量的计算等。

《联合国气候变化框架公约》和《京都议定书》对于报告和审议的根本区别在于，《京都议定书》所要求的报告和审议与符合性有关。由于排放指标具有约束性，对于在报告和审议中识别的有关这些指标的任何问题，符合性委员会的执法分委员会都会予以考虑。

2.2.2 国家温室气体清单

《联合国气候变化框架公约》的目的是使大气中温室气体的浓度保持在一个稳定的水平，从而避免或减少对气候系统的危险人为干扰。国际社会实现该目标的能力取决于对温室气体排放趋势的认知和改变这些趋势的集体能力。依据《联合国气候变化框架公约》的第 4 条和第 12 条以及《联合国气候变化框架公约》缔约方会议的相关决定，附件一缔约方要把相关的国家温室气体清单提交给秘书处。这些清单要经过年度技术审议。此外，附件一缔约方还要在《联合国气候变化框架公约》下的国家信息通报和两年期报告中提供汇总清单数据。

2.2.3 国家信息通报

在编制国家信息通报时，附件一缔约方应遵循《联合国气候变化框架公约》有关报告和审议的指南。这些指南经过两次修订，一次是在第 2 次《联合国气候变化框架公约》缔约方会议对第二轮的国家信息通报进行编制时，另一次是在第 5 次《联合国气候变化框架公约》缔约方会议批准修订的报告指南时。自 2014 年 6 月以来，《联合国气候变化框架公约》的报告和审议指南正在进行第三次修订，但还没有最终确定下来。

依据附属履行机构（SBI）的请求，秘书处编制了编辑合成报告，旨在对各个国家的国家信息通报进行汇总。依据《联合国气候变化框架公约》和《京都议定书》的现行程序和决定，秘书处要组织和协调对附件一缔约方的国家信息通报的深度审议。对每个国家信息通报的深度审议通常包括一个书面研究和一个国内访问，旨在对其承诺的实施提供全面的技术评定。深度审议由国际专家小组来实施，该小组由专家名册中来自附件一缔约方和非附件一缔约方的专家组成。

2.2.4　两年期报告（BR）

为了加强发达国家缔约方对国家信息通报的报告，要求发达国家缔约方提交两年期报告，内容包括减排进展和向非附件一缔约方提供的金融、技术和能力建设的支持。决议1/CP.16还建立了国际评估与评审（IAR）机制，旨在对所有发达国家缔约方在其量化的经济范围、排放限制和减排指标方面所做出的努力进行对比。

发达国家缔约方应在2014年1月1日之前向秘书处提交第一次的BR，随后在提交完整的国家信息通报的两年之后再次提交BR。提交BR时，可以将其作为国家信息通报的附件，或者作为一个单独的报告。IAR包括对BR的技术审议，并对每个发达国家缔约方出具一份审议报告。技术审议由国际专家小组来实施，该小组由专家名册中来自附件一缔约方和非附件一缔约方的专家组成。

2.2.5　《京都议定书》规定的核算、报告和审议

《京都议定书》的有效性取决于两个关键要素：缔约方是否遵守了《京都议定书》的规则手册并遵守其承诺，以及用来评定符合性的排放数据是否可靠。在2005年12月召开的《京都议定书》第一次缔约方会议上，通过了《京都议定书》和《马拉喀什协议》，其内容包括一系列的监测和符合性程序，以实施《京都议定书》的规则、解决任何的符合性问题，以确保在碳排放交易机制、清洁发展机制和联合履约机制，以及与土地利用、土地利用变化和林业（LULUCF）活动中所做的排放计算和交易核算避免产生任何错误。

《京都议定书》的监测程序建立在《联合国气候变化框架公约》的现有报告和审议程序的基础上，并基于过去十几年从气候变化过程中获得的经验。这些程序中还包括一些核算程序，这是追踪和记录分配数量单位（AAUs）、核证减排量（CERs）、减排单位（ERUs）和土地利用、土地利用变化和林业（LULUCF）活动产生的拆卸单元（RMUs）所需的。

《京都议定书》的第五条、第七条和第八条针对的是《京都议定书》附件一缔约方的信息的报告和审议，同时也针对编制温室气体清单的国家系统和方法。《京都议定书》规定，应该在第 1 次《京都议定书》缔约方会议上通过有关国家系统、调整、清单和国家信息通报的编制和专家审议的指南，随后要定期进行审议。

在第 7 次《联合国气候变化框架公约》缔约方会议上，缔约方就《京都议定书》第五条、第七条和第八条达成了一致。《马拉喀什协议》中规定的核算、报告和审议系统旨在保持透明性，这样除了保密信息之外的所有数据都可以公开。在《联合国气候变化框架公约》第 7 次缔约方会议结束时，第七条和第八条下的一些指南还不全面，因为还需要确保与其他决定保持一致。此外，《联合国气候变化框架公约》缔约方会议还要求科技咨询附属机构（SBSTA）编制技术标准，目的是确保国家登记系统、清洁发展机制系统和交易日志之间能进行准确、透明和有效的数据交流。

2.2.6 《京都议定书》下的初始报告

依据决议 13/CMP.1，对于在《京都议定书》附件 B 中做出承诺的附件一缔约方，都要依据第三条对承诺期的分配数量进行计算，并证实有能力对自己的排放量和分配数量负责。为了达到这一目的，每个缔约方都要在 2007 年 1 月 1 日之前或在《京都议定书》上签字生效一年之后提交一份包含所有信息的报告。及时提交该初始报告是计算其分配数量的关键步骤，是参与《京都议定书》机制（碳排放交易机制、清洁发展机制和联合履约机制）的前提条件。

依据决议 22/CMP.1，在收到初始报告后，执行理事会就要开始对其进行审议，并将审议报告迅速提交给缔约方会议。

2.3 气候变化国际公约在 MRV 方面对发展中国家的要求

2.3.1 国家信息通报

国家信息通报是对《联合国气候变化框架公约》实施进程进行报告的核心。所有缔约方都要定期提交国家信息通报，内容包括所有温室气体（不受《蒙特利尔议定书》控制）的源的排放和汇的去除的信息，以及实施《联合国气候变化框架公约》所采取或设想的步骤。对于附件一缔约方和非附件一缔约方来说，他们编制和报告国家信息通报的时间表以及频率和内容都是不同的。国家信息通报的核心内容包括：对国家情况和制度安排的概述、国家清单中温室气体的排放和汇的去除、非附件一缔约方实施《联合国气候变化框架公约》所采取或设想的步骤、与《联合国气候变化框架公约》的目标实现相关的其他信息。

通过位于德国波恩的《联合国气候变化框架公约》秘书处，缔约方把国家信息通报提交给《联合国气候变化框架公约》缔约方会议，并在其网站上予以公开。第16次《联合国气候变化框架公约》缔约方会议决定，非附件一缔约方应该每四年向《联合国气候变化框架公约》缔约方会议提交其国家信息通报。如果随后的《联合国气候变化框架公约》缔约方会议做出了有关提交频率的进一步的决定，则按照新的决定来实施。对于非附件一缔约方对国家信息通报和两年期报告的编制，由GEF（全球环境基金）来向其提供金融支持。

在1996年的日内瓦第2次《联合国气候变化框架公约》缔约方会议上，通过了对非附件一缔约方的首次国家信息通报编制的指南。这些指南随后在2002年的第8次《联合国气候变化框架公约》缔约方会议上进行了修订和批准。依据这些指南，非附件一缔约方的国家信息通报至少应该包括以下要素：国家情况和制度安排、国家温室气体清单、充分适应气候变化的促进措施的方案、减缓气候变化的措施的方案、其他信息、限制和差距、相关的财务、技术和能力建设需求。在达成《坎昆协议》之后，缔约方决定加强国家信息通报中的内容，包括温室气体清单、消减行动及其效果、设想和方法、所获得的支持。对于最不发达国家缔约方和小的发展中的岛国可以给予额外的灵活性。

2.3.2 两年期报告（BUR）

在2011年第16次《联合国气候变化框架公约》缔约方会议达成《坎昆协议》之后，增强了非附件一缔约方在国家信息通报（包括国家温室气体清单）中的报告，增加的内容包括消减行动及其效果和获得的支持。对最不发达国家缔约方和小的发展中的岛国可以给予额外的灵活性。同时也决定，发展中国家要依据其能力和所获得的支持的级别来提交BUR。非附件一缔约方要提交BUR，内容包括更新的国家温室气体清单、国家清单报告、消减行动、需求和所获得的支持。BUR对缔约方实施《联合国气候变化框架公约》的行动的内容进行了更新，要求包括温室气体排放和碳汇的状态、减少排放或增强碳汇的行动。

2012 年第 17 次《联合国气候变化框架公约》缔约方会议决定，非附件一缔约方要依据其能力和所获得的支持的级别，在 2014 年 12 月之前提交首次 BUR。随后要每两年提交一次 BUR。BUR 可以作为国家信息通报的部分内容的总结随同国家信息通报在同年提交，也可以作为独立的更新报告来提交。但是，对于最不发达国家缔约方和小的发展中的岛国可以给予额外的灵活性，他们可以自行决定何时提交报告。BUR 的范围包括对最新提交的国家信息通报的更新，以及有关的额外信息，包括采取或设想要采取的削减行动及其效果、所需要和所获得的支持。

2.3.3 发展中国家实施的减排行动（NAMA）

发展中国家实施的减排行动（NAMA）是指发展中国家为应对气候变化而采取的减少温室气体排放的措施和行动。在国际层面，NAMA 的实施得到了国际社会的广泛支持和关注。一些国际组织，如联合国气候变化框架公约（UNFCCC）下的绿色气候基金（GCF），为发展中国家提供资金和技术支持，以帮助他们实施 NAMA。此外，一些发达国家也通过双边或多边合作，向发展中国家提供资金和技术援助，以支持他们的减排行动。

需要注意的是，NAMA 的实施需要考虑发展中国家的国情和能力。不同的发展中国家在经济发展阶段、资源禀赋、技术水平等方面存在差异，因此需要制定符合其国情的 NAMA。同时，NAMA 的实施也需要与其他发展目标相相协调，确保在实现减排目标的同时，能够促进经济发展和社会进步。

2.3.4 减少毁林和森林退化造成的排放（REDD+）

对于森林砍伐和森林退化减排有关的问题，第 16 次《联合国气候变化框架公约》缔约方会议通过了一个决定，鼓励发展中国家缔约方采取 REDD+ 活动，来为森林行业的削减行动作贡献：

1）减少森林砍伐的排放；

2）减少森林退化的排放；

3）保护森林碳储量；

4）森林的可持续管理；

5）增强森林碳储量。

这些活动应该是各个国家推动的，并符合各个国家发展的优先状况、情况和能力，还应该尊重各国主权。此外，这些活动应该分阶段实施，慢慢转化为基于结果的行动，从而能够予以充分的测量、报告和核查，并得到充分和可预测的金融和技术支持（包括能力建设的支持），与环境一体化的目标相一致，并考虑森林和其他生态系统的多个功能。如果发展中国家缔约方打算在获得充分和可预测的支持（包括财力和技术支持）的情况下来实施 REDD+ 活动，那么应该在项目设计文件中编制下列要素：

1）国家战略或行动计划；

2）国家森林参照排放级别和 / 或森林参照级别，或作为临时措施的低于国家层级的森林参照排放级别和 / 或森林参照级别；

3）依据国情，有一个强有力和透明的国家森林监测体系来对上述活动进行测量和报告，并有低于国家层级的测量和报告作为临时措施；

4）关于如何实施和尊重 REDD+ 活动的保护措施，并有一个体系来提供相关信息。

发展中国家缔约方实施的这些活动应该分阶段实施，起初是编制国家战略或行动计划、制订政策和措施和开展能力建设，随后是实施国家政策和措施以及国家战略或行动计划，这会涉及进一步的能力建设、技术开发和转换、基于结果的证实活动，最终逐渐发展成可以被充分测量、报告和核查的基于结果的行动。

如果发展中国家希望获得基于结果的付款，那么 REDD+ 活动的方法论指南应与国际标准相一致，以确保活动的透明性和准确性，同时还应提供一份最新的有关实施和尊重 REDD+ 活动的措施的总结。该总结的提交是自愿性的，这得到了第 19 次《联合国气候变化框架公约》缔约方会议的同意。该会议还决定，发展中国家缔约方应该在国家信息通报或通信渠道提供该总结。随后提交该总结的频率应该和非附件一缔约方提交国家信息通报的频率一致，按照自愿的原则通过《联合国气候变化框架公约》网站的网络平台提交该总结。

2.4 国际碳排放交易市场的发展

1997 年签署的《京都议定书》确定了附件一国家控制和减少温室气体排放的目标和措施，并明确了实现减排目标的 3 种交易机制，即联合履约机制、清洁发展机制和国际排放交易机制。这 3 种机制实质就是不同国家的企业主体之间的碳排放交易机制。联合履约机制即允许《联合国气候变化框架公约》附件一国家之间为实现其减排目标开展联合履约的项目，可以把对接受国进行投资所获得的减排量归入投资国的排放配额。清洁发展机制允许附件一发达国家在发展中国家实施温室气体减排项目，购买可核证的减排量，以履行《京都议定书》规定的减排目标。总体来说，清洁发展机制和联合履约机制均是基于项目级的减排量所开展的交易机制，而碳排放贸易机制则是基于排放总量控制下的配额交易机制。

从碳市场建立的法律基础来看，国际上各类碳排放交易机制大体可以分为两类：自愿性的和强制性的。自愿性碳排放交易机制，是指通过参与方自愿签订协议来约束自身的碳排放活动而建立起来的交易机制。强制性碳排放交易机制，是指通过法律强制约束企业的碳排放行为而建立起来的交易机制。

按照交易标的不同，也可以分为项目型碳排放交易和配额型碳排放交易机制。项目型碳排放交易是指以经核证的基于项目的二氧化碳减排量为交易标的的市场机制，如清洁发展机制和联合履约机制即是基于项目的减排量而进行的交易机制。配额型碳排放交易是指在碳排放总量控制下，以企业排放的温室气体配额为交易标的而形成的碳市场。目前国际上有影响力且得以持续发展的市场大多是配额型碳排放交易市场。

全球碳排放交易机制的起步和快速发展，有效地促进了温室气体排放控制目标的实现，形成了可观的碳市场规模和新兴碳金融市场。同时，通过这一机制，建立了一套完善的监测、报告和核查管理制度并得到了一系列基础数据，为各国制定并采取有效的温室气体排放控制政策、措施和行动方案，提供了坚实的基础和技术支撑。

3 碳排放 MRV 体系发展的国际经验

我国 MRV 体系建设体现出以国家为主、地方为辅的责任划分。由国家层面具体管理流程与技术要求，并对核查机构进行资质管理与监管，由地方政府负责企业报告监管、复查与财政支持。然而，我国温室气体减排的长效机制尚未形成，碳排放核算、核查及监管体系还处于起步阶段。特别是我国的认证认可市场尚处于初级阶段，管理缺位、市场混乱现象还比较突出。在这种背景下，对清洁发展机制（CDM）、欧盟碳市场（EU ETS）等的 MRV 体系运行情况进行研究，并得出对我国的启示，具有很强的现实意义。

制定统一的法规和标准是 MRV 体系建设的重要的一步，各国在碳交易活动之初均制定了明确的法规和标准。一般包括三部分：一是企业的监测、量化和报告指南；二是用于核查的指南，三是第三方核查机构的认定管理指南。

3.1 清洁发展机制

3.1.1 简介

清洁发展机制（CDM）是《京都议定书》设立的缔约方之间开展合作的三种灵活机制之一，主要用于发达国家和发展中国家之间的碳减排交易，其主要目标是双重的：首先是帮助发达国家实现其在《京都议定书》中做出的温室气体减排承诺；其次，也满足了发展中国家提高自身可持续发展能力的要求。在全球气候持续异常的今天，《京都议定书》倡导的温室气体减排已经成为各国考虑的重大环境问题，CDM 的目标是结合发达国家的环境技术优势以及发展中国家温室气体减排能力的巨大上升空间，促进全球的温室气体减排。

CDM 是一种双赢机制，发展中国家通过项目合作，可以获得发达国家温室气体减排的技术和资金，从而促进其经济发展和环境保护，实现可持续发展目标；发达国家通过这种合作，可以以远低于其国内所需的成本实现承诺的温室气体减排指标，节约大量资金，并且可以通过这种方式将低碳经济技术、产品甚至理念输入发展中国家。

3.1.2　CDM 项目技术

从广泛的意义来看，任何有益于温室气体减排和温室气体回收或吸收的技术，都可以作为 CDM 项目的技术。例如：提高能源效率的技术（包括提高供能效率方面的技术和用能效率方面的技术）、新能源和可再生能源技术、温室气体回收利用技术（如沼气回收技术）、废弃能源回收技术等。

3.1.3　小型 CDM 项目类型

小型 CDM 项目可分为以下类型：

1）可再生能源项目。其最大装机容量在 1.5 万千瓦以内，包括风能、太阳能、水能、生物质能、地热能、潮汐能等；既可以以发电的形式，也可以以提供动力、机械能的形式。

2）提高能效的项目：其每年最大节能量应在 1500 万千瓦时以内。

3）其他方面的项目：其应直接排放温室气体，同时其温室气体年排放量应少于 1.5 万吨 CO_2。例如，燃料替代项目、垃圾填埋的甲烷回收项目、煤矿甲烷回收项目等。

3.1.4　CDM 支持的领域

CDM 支持的领域与 GEF（全球环境基金）在气候变化领域支持的领域基本相同。所不同的是 GEF 着重能力建设，通常是多边机制，且是政府主导的项目。而 CDM 的重点是温室气体减排项目，通常是有投资主体的实际项目，一般采取的是双边机制，尽管项目的实施需要得到政府的认可和批准，但企业是实施 CDM 项目的主体。

3.1.5　CDM 项目运作规则

CDM 项目有着较为复杂的运作规则：首先，开发 CDM 项目的国家必须是《京都议定书》的缔约方并批准了《京都议定书》；其次，项目开发必须设定基准线并满足额外性要求，以保证项目所产生的减排量是额外发生的（相对于一切照旧的情形）；再次，项目在经各东道国政府审批后，并由《京都议定书》缔约方大会授权的指定经营实体审核后，推荐给清洁发展机制执行理事会注册；最后，由该独立经营实体对项目产生的“经核证的减排量”进行核实并做出证明后，提交执行理事会签发和登记，作为附件一国家的排放分配数量或由发展中国家直接到国际市场上交易（对单边项目）。

3.1.6 CDM 执行过程中的主要参与机构

在 CDM 执行过程中，参与的主要机构有：

1）缔约方会议（COP）：这是 CDM 的最高决策机构，由所有缔约方代表组成，每年召开一次会议。

2）CDM 执行理事会（EB）：负责监管 CDM 项目的实施，并对缔约方大会负责；维持 CDM 活动的注册登记，包括签发新产生的核证减排量（CERs）、建立账户管理 CERs。执行理事会由十名专家组成。

3）项目所在国政府：负责判断报批的 CDM 项目是否符合可持续发展的要求，决定是否批准所报批的、将在其境内实施的项目作为 CDM 项目。中国政府批准的主办机构是国家发展和改革委员会国家气候变化对策协调小组办公室。

4）指定经营实体（DOE）：由执行理事会授权的独立组织，对申报的 CDM 项目进行审查；核实项目产生的减排量，并签署减排信用文件证明。

5）项目参与方（PP）：参与 CDM 项目活动的缔约方，或经某缔约方批准并在其负责下参与 CDM 项目活动的私营和 / 或公共实体（如项目业主等）。

3.1.7 CDM 项目运作流程

流程大致是“设计—审定—注册—监测—核查—签发 CERs”。在这个过程中，指定经营实体在审定和核查两个环节开展认证与核查工作。通常，为了保证第三方机构的公正性，一个 CDM 项目的审定环节和核查环节必须由不同的第三方机构来完成。指定经营实体在 CDM 项目运作过程中非常关键，它直接决定了一个 CDM 项目能否成功注册、产生的温室气体减排量能否获得签发以及签发量的多少。

一个碳减排项目如果没有经过指定的核实程序来专门测量和审计其碳排放，就不可能在国际碳排放市场上转让其碳量以获取价值。因此，一旦 CDM 项目进入运作阶段，项目参与者就必须准备一个监测报告来估算项目产生的 CERs，并提交给一个经营实体申请核实。核实是由经营实体独立完成的，它是对监测报告上的减排量进行的事后鉴定。经营实体必须查明产生的 CERs 是否符合项目的原始批准书标明的原则和条件。通过详细的审查之后，经营实体将提交一份核实报告并对该 CDM 项目产生的 CERs 予以确认。

3.1.8 指定经营实体

指定经营实体有非常严格的准入标准。要成为 CDM 的指定经营实体，必须要符合相应的条件并经过 CDM 执行理事会（EB）的认证，并最终由《联合国气候变化框架公约》的缔约方会议（COP/MOP）指定。根据《马拉喀什协定》附录 A 的要求，一个经营实体申请成为指定经营实体，应符合以下条件：

1）属于法律实体（或为国内法律实体或为国际组织）并向执行理事会提供此种地位的证明材料；

2）雇用足够的人员。这些人员具备必要的能力，能够在一名负责的资深行政人员的领导下，行使与所从事的工作的类别、范围、工作量有关的审定、核查核证职能；

3）具备开展活动所需的经费、保险和资源；

4）已做出了充分的安排，能够处理其活动引起的法律责任和债务；

5）已制定了行使职能所需的文件化的内部程序，包括组织内部职责划分程序以及申诉处理程序，这些程序应予以公布；

6）具备或可以掌握行使清洁发展机制方式和程序及 COP/MOP 有关决定中明确规定的职能所需的专门知识，具体而言熟悉和了解有关规定；

7）拥有一个管理机构，从总体上负责实体职能的行使，包括质量保证程序，以及与审定、核查、核证有关的所有决定；

8）没有任何关于渎职、欺诈或与其作为指定经营实体的职能不符的其他行为的未结案司法诉讼。

指定经营实体要遵守严格的行为规范。为了规范指定经营实体的行为，CDM 执行理事会在其第四十九次会议上通过了《监控指定经营实体行为及处理其规范行为的政策框架》。该框架将第三方机构（指定经营实体）违规的行为分为三个级别，并规定了相应的处理后果。对于指定经营实体违规的后果和惩罚则根据其违规的种类和级别的不同而有所不同。违规的后果和惩罚包括：

1）向指定经营实体做出警告；

2）建议委任专门小组进行额外的行为评估；

3）承担要求复审的费用；

4）建议 CDM 执行理事会进行现场检查；

5）建议 CDM 理事会暂停其全部或者部分职能。

指定经营实体的工作具有很强的专业性。指定经营实体需要采用指定的方法学来进行排放基准线的确定、额外性评价、减排量计算、排放量监测等活动，利用排放企业提供的资料和协助，采用专业的方法来进行监督和审核。指定经营实体审定 CDM 项目所使用的方法学必须是 EB 已经批准的，项目必须符合指定方法学的所有适用性条件，如果不符合，需要向 EB 提出申请并且得到批准。根据国际规则，CDM 项目主要涉及 15 个专业领域，即能源工业（可再生能源 / 不可再生能源）、能源分配、能源需求、制造业、化工行业、建筑行业、交通运输业、矿产品、金属生产、燃料的飞逸性排放（固体燃料、石油和天然气）、碳卤化合物和六氟化硫的生产和消费所产生的逸散排放、溶剂的使用、废物处置、造林和再造林、农业。各指定经营实体一般涉及其中部分领域的认证活动，每家指定经营实体只是在部分专业领域获得 EB 的授权。CDM 规则当中包含的温室气体有二氧化碳、甲烷、氧化亚氮、氢氟碳化物、全氟化碳、六氟化硫。

2004 年 ~2014 年，在 CDM 下交易的减排证书交易呈现出显著的增长趋势，这显示出 CDM 项目的活跃度和影响力。有多项分析指出，许多环保项目并不能满足联合国的标准，而且没有实现真正的减排。特别受到批评的是一项附加原则，即“依据这项原则，项目申请者必须证明，该项目只有当出售了减排指标，获得需要减排的国家的财政支持时，才能实施”。这项附加原则并未得到百分之百的遵守。

3.1.9 CDM 面临的主要挑战

目前，CDM 面临的主要挑战是 CERs 供需矛盾。主要原因包括以下两点：

1）欧盟收紧了政策，明确自 2013 年起新注册 CDM 项目的 CERs 只有来自最不发达国家才允许进入欧盟；

2）加拿大、日本、俄罗斯、新西兰等国家退出《京都议定书》第二承诺期导致挤压了对 CERs 的需求。此外，缔约方正在《联合国气候变化框架公约》下推进“新市场机制”的谈判，但是目前还没有解决新机制与 CDM 的关系，这也增加了 CDM 未来的不确定性。CDM 理事会还认为，CDM 应该扩大应用范围，除了满足《京都议定书》的履约要求外，还可以应用到可持续发展的其他领域。但是，一个重要的事实是 CERs 供给大量过剩。市场上大量供给的 CERs 在短期内无法消纳。一系列现象也表明过剩才是 CDM 问题的根结。从现有的已注册的 CDM 项目入手，设置行业限制或是新的排除机制或许是 CDM 改革成功的实效手段。

3.2 欧盟碳排放交易体系

3.2.1 欧盟碳排放交易体系（EU ETS）发展概况

1992 年 5 月 9 日，联合国政府间气候变化专门委员会通过了《联合国气候变化框架公约》，1997 年 12 月于日本京都通过了《联合国气候变化框架公约》的第一个附加协议，即《京都议定书》。《京都议定书》把市场机制作为解决温室气体减排问题的新路径，即把二氧化碳排放权作为一种商品，从而形成了二氧化碳排放权的交易，简称碳交易。碳交易是为促进全球温室气体减排，减少全球二氧化碳排放所采用的市场机制，而负责碳交易的强制性减排市场就是碳排放交易系统。

2003 年 10 月，欧盟理事会和欧洲议会通过了《温室气体排放交易指令》（Directive 2003/87/EC），建立了迄今为止由发达国家设立的排放交易体系中最大的一个温室气体排放交易体系（EU ETS）。EU ETS 于 2005 年初试运行，2008 年初开始正式运行。随后，2008 年 12 月，《温室气体的监测和报告准则修正案》（Decision 2009/73/EC）将氧化亚氮（N_2O）纳入调整范围。2009 年 4 月，《温室气体的监测和报告准则修正案》（Decision 2009/339/EC）又将航空活动的货吨公里数据纳入 MRV 体系。

3.2.2 EU ETS 的制度设计

欧盟碳排放交易体系采用“总量管制和交易”（cap and trade）规则，即在一定区域内，在污染物排放总量不超过允许排放量或逐年降低的前提下，内部各排放源之间通过货币交换的方式相互调剂排放量，实现减少排放量、保护环境的目的。具体做法是，欧盟各成员国根据欧盟委员会颁布的规则，为本国设置一个排放量的上限，确定纳入 EU ETS 的产业和企业，并向这些企业分配一定数量的排放许可权——欧洲排放单位（EUA）。

如果企业能够使其实际排放量小于分配到的排放许可量，那么就可以将剩余的排放权放到排放市场上出售、获取利润；反之，就必须到市场上购买排放权，否则将会受到重罚。

欧盟委员会规定，在试运行阶段，企业每超额排放 1 吨二氧化碳，将被处罚 40 欧元；在正式运行阶段，罚款额提高至每吨 100 欧元，并且还要从次年的企业排放许可权中将该超额排放量扣除。由此，欧盟排放交易体系创造出一种激励机制，它激发私人部门最大可能地追求以最低成本实现减排。欧盟试图通过这种市场化机制，确保以最经济的方式履行《京都议定书》，把温室气体排放限制在社会所希望的水平上。

3.2.3　EU ETS 的治理模式及其重要性

EU ETS 采用分权化治理模式，即该体系所覆盖的成员国在排放交易体系中拥有相当大的自主决策权，这是 EU ETS 与其他总量交易体系的最大区别。其他总量交易体系（如美国的二氧化硫排放交易体系）是集中决策的治理模式。EU ETS 覆盖 27 个主权国家，它们在经济发展水平、产业结构、体制制度等方面存在较大差异。采用分权化治理模式，欧盟可以在总体上实现减排计划的同时，兼顾各成员国差异性，有效地平衡了各成员国和欧盟的利益。EU ETS 分权化治理思想体现在排放总量的设置、分配、排放权交易的登记等各个方面。如在排放总量的确定方面，欧盟并不预先确定排放总量，而是由各成员国先决定自己的排放量，然后汇总形成欧盟排放总量。但是各成员国提出的排放量要符合欧盟排放交易指令的标准，并需要通过欧盟委员会审批，尤其是所设置的正式运行阶段的排放量要达到《京都议定书》的减排目标。在各国内部排放权的分配上，虽然各成员国所遵守的原则是一致的，但是各国可以根据本国具体情况，自主决定排放权在国内产业间分配的比例。此外，排放权的交易、实施流程的监督和实际排放量的确认等都是每个成员国的职责。因此，EU ETS 在某种程度上可以被看作是遵循共同标准和程序的 27 个独立交易体系的联合体。

3.2.4　EU ETS 的特点

EU ETS 具有以下特点：

（1）EU ETS 具有开放性，主要体现在它与《京都议定书》和其他排放交易体系的衔接上。EU ETS 允许被纳入该体系的企业在一定限度内使用欧盟外的减排信用，但是，它们只能是《京都议定书》规定的通过清洁发展机制（CDM ）或联合履约（JI）获得的减排信用，即核证减排量（CERs）或减排单位（ERUs）。在 EU ETS 实施的第一阶段，CERs 和 ERUs 的使用比例由各成员国自行规定。在第二阶段，CERs 和 ERUs 的使用比例不超过欧盟排放总量的 6%；如果超过 6%，欧盟委员会将自动审查该成员国的计划。此外，通过双边协议，EU ETS 也可以与其他国家的排放交易体系实现兼容。例如，挪威二氧化碳总量交易体系与 EU ETS 已于 2008 年 1 月 1 日实现成功对接。

（2）EU ETS 的实施方式是循序渐进的。为获取经验，保证实施过程的可控性，EU ETS 的实施是逐步推进的。

3.2.5 EU ETS 的三个实施阶段

第一阶段是试验阶段，时间从 2005 年 1 月 1 日至 2007 年 12 月 31 日。此阶段主要目的并不在于实现温室气体的大幅减排，而是获得运行总量交易的经验，为后续阶段正式履行《京都议定书》奠定基础。在所交易的温室气体的选择上，第一阶段仅涉及对气候变化影响最大的二氧化碳，其他温室气体将在第二阶段后逐渐加入。EU ETS 大约覆盖了 11500 家企业，涉及欧盟内的电力和热力企业，以及某些指定的工业部门。第一阶段暴露的主要问题是配额分配过剩，有的排放实体分配到的排放额度远远大于其该阶段的实际排放量，导致配额供给出现过剩现象。虽然由于不少企业为以防万一并不会把所有多出来的 EUA 拿去卖，市场尚不至于崩溃，但还是受到了非常大的打击，现货 EUA 价格从 2006 年 3 月最高的 30 欧元跌到 2007 年初最低的 3 欧元。

第二阶段是从 2008 年 1 月 1 日至 2012 年 12 月 31 日，时间跨度与《京都议定书》首次承诺时间保持一致。欧盟借助 EU ETS，正式履行对《京都议定书》的承诺。在这个阶段里，欧盟吸取了第一阶段配额分配过松的教训，最终将 EUA 的最大排放量控制在了每年 20.98 亿吨。在这一阶段，欧盟对各个国家上报的排放额度仍是以免费分配为主，但开始引入排放配额有偿分配机制，即从配额总额中拿出一部分，以拍卖方式分配（例如德国拿出了 10% 的排放配额进行拍卖），由排放实体根据需要到市场中参与竞拍，有偿购买这部分配额。同样，第二阶段里排放实体每年剩余的 EUA 可用于下一年度的交易，但也不能带入下一阶段。

第三阶段是从 2013 年至 2020 年。在此阶段内，温室气体排放总量每年以 1.74% 的速度下降，以确保 2020 年温室气体排放总量比 1990 年至少低 20%。

按照欧盟规定，在每一个交易阶段开始之前，每个成员国应当按照 Directive 2003/87/EC 附件Ⅲ的要求，将本国的排放控制总量及各排放实体分配的排放配额，以国家分配方案（NAP）的形式报给欧盟委员会。

欧盟委员会在接到成员国国家分配方案 3 个月内要完成对分配方案的评估，评价其是否符合 ETS 指令，若不符合将退回并要求全部或部分修改。

EU ETS 通过欧盟独立交易登记系统（CITL）对每一个排放实体配额的发放、转移、取消、作废和库存等进行记录和管理。采用 CITL 电子信息系统对排放配额进行管理。每一个欧盟成员国都有一个国家配额登记账户，各国政府的碳排放事务管理机构均与 CITL 电子信息系统连接。每一个纳入 EU ETS 的排放实体也均有配额登记账户。

3.2.6 EU ETS 评价

欧盟排放交易体系在试验阶段虽然并非完美无缺，但是作为一项重要的公共政策，考虑到该体系需协调 27 个主权国家的行动，而且从最初构建到实施只有 3 年时间，可以说其实施效果超过了其他总量交易机制。

第一，反映排放权稀缺性的价格机制初步形成。价格信号准确反映排放权供需状况是排放交易体系有效配置环境资源的前提条件。研究发现，在最初阶段的不确定性逐渐消除后，排放权的价格与造纸和钢铁产业的产量存在显著的正相关关系。这一方面说明价格信号已能准确反映排放权的供给与需求状况，即产量越大，排放权的需求就越多，排放权的价格就越高；另一方面也说明，排放权价格已经影响到企业的生产决策，企业如果不采取减排措施或降低产量，则需要承担更多的减排成本。

第二，为进一步运用总量交易机制解决气候变化问题积累了丰富的经验。EU ETS 试验阶段的主要目的是发现并弥补设计缺陷、积累运行总量交易机制的经验。针对 EU ETS 在试验阶段中所暴露出的问题，欧盟对其进行了改进，使其更加完善。这些缺陷及其改进措施主要在三个方面：

一是排放权发放总量超过实际排放量问题。例如，在 2005 年所发放的排放权总量超过实际排放量 4%，没有一个产业的排放权处于短缺状态，钢铁、造纸、陶瓷和厨具部门的排放权发放量甚至超过实际排放量的 20%。排放权总量过多，导致排放权价格下降，环境约束软化，企业失去了采取措施以降低二氧化碳排放的积极性。针对这个问题，欧盟在第二阶段下调了年排放权总量。调整后的年排放权平均比 2005 年低 6%。

二是排放权免费分配问题。第一阶段排放权是免费发放给企业的，并且对电力行业发放过多，导致电力行业把剩余的排放权放到市场上出售，获取暴利。在第二阶段，政府提高了排放权拍卖的比例，并降低了电力部门的发放上限，迫使电力企业采取措施降低碳排放。

三是微观数据的缺失问题。EU ETS 试运行时，工厂层面上的碳排放数据是不存在的，排放权只能根据估计发放给企业，由此导致出现了排放权发放过多、市场价格大幅波动等诸多问题。但欧盟利用三年试验期，不断地收集、修正企业层面上的碳排放数据，现已建立了庞大的、能支持欧盟决策的企业碳排放的数据库。

第三，促进了欧盟碳金融产业的发展。碳交易市场和碳金融产业是朝阳产业，借助于 EU ETS 的实施，欧盟已培育出多层次的碳排放交易市场体系，并带动了碳金融产业的发展。欧洲碳排放权交易最初是柜台交易，随后一批大型碳排放交易中心也应运而生，如欧洲气候交易所（European Climate Exchange）、北方电力交易所（Norpool）、未来电力交易所（Powernext）以及欧洲能源交易所（European Energy Exchange）等。欧洲气候交易所于 2005 年 6 月推出了与欧盟排放权挂钩的期权交易，使二氧化碳如同大豆、石油等商品一样可以自由流通，从而增加了碳排放市场的流动性，促进了碳交易金融衍生品的发展。碳排放交易市场与金融产业交互作用，形成良性循环。二氧化碳排放权商品属性的加强和市场的不断成熟，吸引投资银行、对冲基金、私募基金以及证券公司等金融机构甚至私人投资者竞相加入，碳排放管理已成为欧洲金融服务行业中高速成长的业务之一。这些金融机构和私人投资者的加入又使得碳市场容量不断扩大，流动性进一步加强，市场也愈加透明，从而吸引了更多的企业、金融机构参与其中，而且形式更加多样化。这种相互促进既深化了欧盟碳交易市场，又提高了欧盟金融产业的竞争力。

第四，提升了欧盟在新一轮国际气候谈判中的话语权。针对 2009 年年底在丹麦哥本哈根召开的国际气候变化大会，欧盟于 2009 年 1 月 29 日率先宣布了立场。在其公布的《哥本哈根气候变化综合协议》中，欧盟做出承诺，到 2020 年，其温室气体排放与 1990 年的水平相比降低 20%，而不管是否达成国际协议。同时，欧盟给世界其他国家施加了压力，提出如果其他发达国家进行同等规模的减排并且经济较发达的发展中国家在其责任和能力范围内做出适当的贡献，那么欧盟愿意继续努力并在一个雄心勃勃且全面的国际协议的框架内签订减排 30% 的目标。欧盟之所以提出如此目标，很大程度在于排放交易体系初步实施的成功增强了其信心。欧盟认为："全球碳市场可以并且应当由相联系的、可比较的国内排放交易系统建立。这将促进具有成本效率的污染减排。欧盟应当与其他国家一起，确保在 2015 年建立 OECD（经济合作发展组织）范围的市场，在 2020 年建立更广阔的市场。"

3.2.7 EU ETS 的缺陷

虽然 EU ETS 取得了很大成效，但其仍然存在一些缺陷和不足，主要体现在以下方面：

第一方面，配额过剩。欧盟碳排放交易体系建立之初，是由各成员国自行设定排放量配额上限。过高的上限使得 EU ETS 在 2007 年底第一阶段结束之际，实际二氧化碳排放量比设定配额还要低 7%。2008 年经济危机爆发后，欧盟制造业一蹶不振，二氧化碳排放量急剧下降，碳排放配额过剩更加严重。直到 2014 年，整个 EU ETS 中仍剩余了约 13 亿碳排放配额。过剩的供应压低了污染者的排放成本，导致配额价格持续下跌。EU ETS 设计初期，每吨碳排放许可交易价格在 25 欧元到 30 欧元之间，在 2007 年中期曾达到过 35 欧元。随后由于配额过剩，碳排放交易价格直线下滑，最低时一度触及 2.5 欧元。直至 2014 年，碳排放交易价格基本在 4.3 欧元到 5 欧元之间。极低的配额价格使生产者以微小代价即可获得大量排放许可，反而不利于减排技术的进步。

第二方面，对其他地区的污染转移。EU ETS 的建立，无形中增加了欧盟内部制造业的生产成本，使得部分高耗能、高污染行业向盟外转移的趋势更加明显。加之受 2008 年经济危机影响，欧盟制造业的竞争力继续下降，大量企业纷纷转移到亚非拉地区投资设厂。这一方面确实减轻了欧盟内部的碳排放量，保护了当地环境，但另一方面，亚非拉等地的碳排放量却因此增加，总体上看并没有减轻全球的碳排放总量，也不利于节能减排技术的实施运用。

第三方面，内幕交易。EU ETS 虽然名义上标榜公开公正、遵循市场化原则，但内幕交易的情况仍时有发生。例如，2009 年，西班牙从爱沙尼亚等数个东欧国家购买了价值 600 万欧元的碳排放配额，其条件之一就是让西班牙公司获得爱沙尼亚首都塔林市的轨道交通项目。为此，塔林市政府不惜推翻之前公开竞标的结果，使中国、德国等国的公司丧失了公平竞争的权利，中国海外经济合作总公司此前已经中标的项目也就此作废。此事在国际社会引起较大反响，德国公司曾就此事向欧盟提起诉讼，结果也不了了之。

3.2.8 EU ETS 的改进

在第一期、第二期暴露出来的问题，促使欧盟对第三期的制度进行了全面调整。2009 年欧盟通过了《改进和扩大欧盟温室气体排放配额交易机制的指令》(Directive 2009/29/EC)，确立了第三期的新制度，其突出特点是：制度结构从高度分权走向协调统一，成员国享有的许多权力被集中到欧盟层面，使得 EU ETS 从一个松散联盟升级为更加统一的单一体系；总量目标从不确定变得明确，不仅从制度上根除了“囚徒困境”，而且向市场发出了清晰的信号；拍卖将成为配额分配的基本方法，即使免费发放也采用基准法 (benchmark)，这将大大提高 EU ETS 的经济效率，并增强体系的透明度。

3.3 区域温室气体减排行动

3.3.1 简介

区域温室气体减排行动（RGGI）是由前美国纽约州州长乔治·帕塔基（George Pataki）于 2003 年 4 月创立的区域性自愿减排组织。目前，这个组织已经成功吸收了包括康涅狄格州、缅因州、马萨诸塞州、特拉华州、新泽西州等美国东北部十个州。RGGI 提出的目标是在 2019 年前将区域内的温室气体排放量在 2000 年的排放水准上减少 10%。

3.3.2 RGGI 的基础

RGGI 得以确立的基础为“谅解备忘录”和“标准规则”。谅解备忘录对 RGGI 的形成和施行发挥着实际的调节作用，然而由于美国宪法中协定条款的规定，它不具有法律约束力。RGGI 各成员州将“谅解备忘录”以法律形式予以细化后形成了标准规则，各州通过立法机关赋予标准规则法律或者行政法规的法律性质。标准规则确立了 RGGI 的宗旨和目的：第一，以最经济的方式维持并减少 RGGI 成员州内二氧化碳的排放量；第二，强制性纳入规制的对象是以化石燃料为动力且发电量在 25 兆瓦以上的发电企业，各州至少要将 25% 的碳配额拍卖收益用于战略性能源项目；第三，为美国其他地区和其他国家带来示范效应。

RGGI 通过法律规范和具体规则的相互补充实现了区域合作性减排机制的协调一致性

和灵活可操作性。第一，在法律规范的制定上，“标准规则”为各成员州碳排放权交易机制的运行奠定了框架基础。第二，RGGI 在具体规则上赋予了各州自主裁量权，制定符合各州具体实践的政策和规则。

3.3.3　RGGI 所规定的交易主体的权利、义务和责任

在 RGGI 机制下，明确规定各成员州、排放主体的职责和权限是区域合作性减排机制有效运行的保障。

第一，碳排放交易的主管机构首先要成立本州配额登记平台、交易平台、碳排放监测体系和独立的第三方核查机构。

第二，主管机构对不符合 RGGI 规定的减排主体采取惩罚措施。

第三，主管机构对二级市场进行监督、审查，确保交易市场的公平，防止不正当竞争行为。

第四，排放主体具有申请获得配额拍卖资格的权利和申报排放数据的义务。

3.3.4　RGGI 确定的分配方式及运行系统

“谅解备忘录”基于 RGGI 成员州内发电行业二氧化碳排放数据、各州历史排放量、潜在的排放源等，制定了碳排放交易的总量。“标准规则”在初始分配时以拍卖的方式分配碳配额。配额拍卖以季度为单位举行。为了防止市场中的不正当竞争行为，“标准规则”对每个竞标者设定了获得配额的上限，即在每次拍卖中最多可购买拍卖中配额数目的 25%。

独立有效的监测、报告、核查系统。为了能正确评估减排主体实际所需的排放总量，独立、有效的排放监测、报告、核查系统是 RGGI 不可或缺的元素。首先，排放主体要根据《美国联邦法规》第 40 章第 75 条的规定，安装符合要求的监测系统，完成监测系统的试运行，按季度在规定的期间内向主管机构提交监测报告。其次，排放主管机构要记录每个排放主体配额的分配、转让情况，并对其排放报告的检测方法、程序和内容进行审定、核查。最后，RGGI 引入统一的碳排放交易平台，即二氧化碳配额追踪系统和独立的第三方核查监督机构，对初级市场的拍卖和二级市场中的交易进行监督、核查。

3.3.5 RGGI 的相关机制建设

3.3.5.1 灵活的减排履约机制

RGGI 规定减排主体可以通过碳抵消项目实现降低二氧化碳排放量的义务，使减排主体以成本最低化履行减排义务与国际碳减排市场相衔接。第一，减排主体可以针对电力以外的其他部门，利用碳排放交易以外的项目，对其他污染气体进行减排或封存。第二，RGGI 规定合格的碳抵消项目可以在 RGGI 成员州或美国境内同意对碳抵消项目管理监督的非成员州进行。第三，为防止碳抵消项目对总量控制与交易市场造成冲击，“标准规则”对 RGGI 各参与州抵消项目的比例做出了规定。第四，潜在的碳抵消项目投资者必须提交申请，并注册二氧化碳配额追踪系统，以使碳抵消项目和碳交易项目统一纳入到追踪监测系统。

3.3.5.2 设置安全阀机制

RGGI 设置安全阀机制作为预防机制，防止碳配额价格的不稳定和碳交易市场出现较大的波动。安全阀机制包括三方面的内容：第一，设置保留价格，如果参与拍卖的减排主体提供的价格低于拍卖保留价格，则各成员州将继续持有碳配额的所有权，防止碳交易市场中参与主体的协同行为。第二，延长履约期，如果在市场调整期之后连续 12 个月内，二氧化碳配额现货平均价格等于或超过安全阀初始值，则触发安全阀机制，履约期将延长一年。第三，碳抵消机制，其设计目的与延长履约期基本相似。

3.3.5.3 公众参与，及时调整

RGGI 通过三种方式实现制度的透明度：利益相关人大会、专家评审会和公众评议。各方利益相关人包括减排主体、市场其他参与主体、政府部门、环保组织。专家评审会对 RGGI 的制度建设、法律法规及实际运行效果作出评价，提供建议。公众评议是指公众可以通过 RGGI 二氧化碳配额追踪系统查看配额市场的相关信息。同时信息公开、公众参与还有助于各成员州主管机构对减排主体进行有效监督。

3.4 日本碳排放交易体系

长期以来，日本在减缓气候变化方面主要靠的是系列的政策法令和技术体系，运用市场机制的成分颇为有限，但是近年来也开始发生转变。运用市场机制的阻力开始随着市场

效率的显现而得到化解，并且在地方级碳市场取得了可喜的突破。日本在应对气候变化方面市场体系的发展历程，值得深入研究和借鉴。

3.4.1 日本碳排放交易市场机制建设过程的三个阶段

纵观近年来日本碳排放交易市场机制建设的过程，从 1997 年日本经济团体联合会（简称“日本经团联”）推动制定自愿环境行动计划，到日本自愿排放交易体系（JVETS）试行，再到 2010 年 4 月日本出现地方级的强制总量限制体系，共走过了三个阶段。

第一阶段，伴随着 1997 年《京都议定书》的达成和确定的减排承诺，日本经团联 1997 年中期推出了环境自愿行动计划。该计划与日本京都目标实现计划（KTAP）相连，是 KTAP 主要确定的市场体系，主要针对工业和能源转换部门，由相关企业做出长期、自愿减排承诺，目标是将燃料燃烧和工业生产排放的二氧化碳排放量到 2010 年稳定在 1990 年的水平。但并没有与政府达成任何协议以保证目标实现。

第二个阶段的标志是 2008 年 10 月日本开始试行 JVETS。过去数年中，日本一直努力实现其减排承诺，并建立了每年评估机制以审查目标完成情况，并调整相应措施以保证目标实现。KTAP 在 1998 年的《防止气候变暖促进措施概览》的基础上，于 2002 年、2005 年和 2008 年进行了三次修订。在 KTAP 的历次修订中，均提出为日本工业引进一个新的排放交易体系，这个新的体系将日本经团联的环境自愿行动计划（VAP）等已经存在的倡议整合进来，构成一个试行的自愿排放交易体系，即 JVETS。2008 年 10 月，该试行交易体系启动。

2010 年 4 月，日本排放交易市场机制取得了一个重大进展——东京都总量限制交易体系作为亚洲首个碳交易体系正式启动。这既是日本首个地区级的总量限制交易体系，也是全世界第一个城市总量限制交易计划。该体系的覆盖范围包括 1400 个场所（1100 个商业设施和 300 个工厂），占到东京都总排放的 20%。东京都确立的温室气体减排目标是 2020 年排放水平比 2000 年下降 25%。第一承诺期（2010 年 ~2014 年），上限已经设定为比基准排放下降 6%。第二承诺期（2015 年 ~2019 年）被设定为比基础排放下降 17% 左右。如果所涵盖设施在第一阶段没有完成目标，那么在第二阶段将必须以短缺部分的 1.3 倍减排。其所涵盖排放企业除了自身减排之外，还可以使用东京都区域内的中小企业碳信用额、东京都以外的信用额和可再生能源配额来实现履约。

3.4.2　日本自愿排放交易体系（JVETS）

2005 年 5 月，日本环境省发起了日本自愿排放交易体系（JVETS）。该体系允许环境省给予其选择的参与者一定数额的补贴，支持参与者安装碳减排设备。作为交换，参与者承诺承担一定量的碳减排责任。该体系的目的是以比较低的成本减排二氧化碳，积累与日本国内碳排放体系相关的知识和经验。

JVETS 的出现，是日本气候政策的一个重要转向。长期以来，在日本应对气候变化的治理框架中，绝大部分是依靠政府制定的相关政策和措施，而不是市场机制。JVETS 试图整合并建立一个日本国内碳抵消体系和面向小排放者的自愿排放交易体系。JVETS 的出现，为强制交易市场体系的形成创造了实验机制。

4 我国碳排放 MRV 体系现状

我国高度重视气候变化问题，把积极应对气候变化作为国家经济社会发展的重大战略，把绿色低碳发展作为生态文明建设的重要内容，历年来先后发布实施《中国应对气候变化国家方案》《“十二五”控制温室气体排放工作方案》《“十二五”节能减排综合性工作方案》《节能减排“十二五”规划》《2014—2015 年节能减排低碳发展行动方案》《国家应对气候变化规划（2014—2020 年）》《国家适应气候变化战略》等政策。自 2012 年 7 月起，在 7 个省（市）开展碳排放权交易试点，推行温室气体自愿减排量交易和重点企（事）业单位温室气体报告制度，建立全国碳排放权交易市场等制度措施，为应对全球气候变化作出了重要贡献。

4.1 国内 MRV 体系相关行动

4.1.1 制定相关法律法规

2007 年 3 月 5 日，第十届全国人民代表大会（以下简称“全国人大”）第五次会议政府工作报告提出要抓紧建立和完善科学、完整、统一的节能减排指标体系、监测体系和考核体系，实行严格的问责制。2007 年 11 月 17 日，《国务院批转节能减排统计监测及考核实施方案和办法的通知》发布，国务院同意发展改革委、统计局和环保总局分别会同有关部门制订的《单位 GDP 能耗统计指标体系实施方案》《单位 GDP 能耗监测体系实施方案》《单位 GDP 能耗考核体系实施方案》（以下统称“三个方案”）和《主要污染物总量减排统计办法》《主要污染物总量减排监测办法》《主要污染物总量减排考核办法》（以下统称“三个办法”）。可以说，这“三个方案”和“三个办法”，是中国 MRV 体系的有机组成部分，但是，“三个方案”适用能源强度（Energy Intensity）指标而没有体现碳强度（Carbon Intensity）指标，“三个办法”适用于二氧化硫（SO_2）和化学需氧量（COD）而没有包括温室气体。

我国还先后制定和修订了《中华人民共和国环境保护法》《中华人民共和国海洋环境保护法》《中华人民共和国节约能源法》《中华人民共和国可再生能源法》《中华人民共和国清洁生产促进法》《中华人民共和国环境影响评价法》《中华人民共和国循环经济促进法》《中华人民共和国森林法》《中华人民共和国草原法》《中华人民共和国水法》《中华人民共和国能源法》《中华人民共和国大气污染防治法》和《民用建筑节能条例》等一系列法律法规，把法律法规作为应对气候变化的重要手段。

此外，《中国应对气候变化的政策与行动》详细列举了相关政策措施，对其中 8 项进行了量化描述，包括单位 GDP 能耗、可再生能源利用占能源总需求量、火电机组供电标准煤耗、核电装机容量、十大重点节能工程、千家企业节能行动、建筑节能、造林活动。可见，我国运用了多种衡量指标，这符合我国自身国情需求，也为其他国家向《联合国气候变化框架公约》秘书处报告 NAMA 提供了有用的模型。

4.1.2 实施系列节能减排行动

节约能源是我国经济社会发展中的一项重大战略，通过完善法规标准、强化责任考核、淘汰落后产能、实施重点工程、推动技术进步等政策与行动，推动了节能工作取得重大进展。2007 年全国人大通过了修订后的《中华人民共和国节约能源法》，建立了节能目标责任评价考核、固定资产投资项目节能评估和审查等重大制度。我国政府将节能目标分解落实到各省、自治区、直辖市，组织开展了“千家企业”节能行动，并从 2007 年起每年对省级政府和千家企业节能目标完成情况和节能措施落实情况进行评价、考核，并向社会公告考核结果。我国政府制定了高效节能产品推广财政补助等政策，加大了差别电价的实施力度。

我国致力于构建安全、稳定、清洁的现代能源产业体系，通过完善法规标准、强化规划引导、加大资金投入，完善政策激励等政策与行动，推动风电、核电等可再生能源和新能源的加快发展。2007 年国务院及有关部门相继发布了《可再生能源中长期发展规划》《核电中长期发展规划》《可再生能源发展“十一五”规划》等。近年来，我国政府有关部门推出了一系列旨在促进可再生能源、核电和天然气发展的财税政策，例如，2006 年印发了《可再生能源建筑应用专项资金管理暂行办法》，2008 年出台了《关于核电行业税收政策有关问题的通知》《风力发电设备产业化专项资金管理暂行办法》，2009年发布了《金太阳示范工程财政补助资金管理暂行办法》和《关于加快推进太阳能光电建筑应用的实施意见》。

我国高度重视发挥林业在应对气候变化中的独特作用，通过推进林权制度改革、开展全民义务植树、实施重点工程造林、强化森林可持续经营等一系列保护和发展森林资源的政策与行动，促进了森林面积和蓄积量的持续增长。我国政府推出了一系列相关政策，例如，国务院颁布了《全国林地保护利用规划纲要（2010—2020年）》，中央财政提高了造林投入补助标准，每亩补助由100元提高到了200元，有关部门制定和发布了《应对气候变化林业行动计划》并建立了“中国绿色碳汇基金会”。

我国采取各种政策和措施，大力发展循环经济，促进了能源资源的节约和高效利用。我国出台了《中华人民共和国循环经济促进法》，发布了《国务院关于加快发展循环经济的若干意见》，明确了发展循环经济的总体思路、目标、基本途径和政策措施，发布了循环经济评价指标体系，并编制、发布了重点行业循环经济支撑技术。2005年以来，我国先后组织开展了3批共178家国家循环经济试点，2批共14家汽车零部件再制造试点；总结凝练了60个循环经济典型模式案例；组织开展了“城市矿产”示范基地建设，加工利用各类再生资源总量达2500万吨；选择了33座城市开展餐厨废弃物资源的利用和无害化处理试点工作，初步建立了覆盖广泛的再生资源回收体系；建设了一批循环经济教育示范基地。

我国还实施了一系列的政策与行动，如实施节能考核、淘汰落后产能、在中国开展清洁发展机制、开展温室气体自愿减排交易、开展多边互认等。

4.1.3 开展应对气候变化国际科技合作

我国积极参与多边气候变化科技合作。我国在世界气候研究计划（WCRP）、国际地圈–生物圈计划（IGBP）、国际全球变化人文因素计划（IHDP）、生物多样性计划（DIVERSITAS），以及地球科学系统联盟（ESSP）、地球观测组织（GEO）和全球气候系统观测计划（GCOS）等国际科学计划和组织中发挥了重要作用，积极参与政府间气候变化专门委员会（IPCC）系列评估报告工作。科技部与国家发展改革委于2007年发布了《可再生能源与新能源国际科技合作计划》。我国还组织发起了季风亚洲区域集成研究国际计划（MAIRS）、西北太平洋海洋环流与气候试验（NPOCE）等国际区域合作计划，开展了既具有中国特色又兼具全球意义的全球变化研究。

我国大力推动与发达国家的气候变化国际科技合作。2009年7月，中美两国建立了中美清洁能源联合研究中心，在建筑节能、清洁煤 / 碳捕获与封存、清洁能源汽车三个优先领域开展联合研究。中欧已连续召开了八届能源合作大会，2010 年成立了中欧清洁能源中心。2007 年中日两国政府签署了《关于进一步加强气候变化科学技术合作的联合声明》并启动了中日气候变化研究交流计划。我国积极参与清洁能源部长会议（CEM）机制下的合作，启动了中国（上海）电动汽车国际示范城市项目，另外，在亚欧会议（ASEM）框架下成立了亚欧水资源研究和利用中心。我国与澳大利亚、意大利、英国、欧盟、国际能源署（IEA）、碳收集领导人论坛（CSLF）等国家、地区和国际组织相继启动实施二氧化碳捕集与封存技术（CCUS）合作项目，这对开展我国 CCUS 领域的能力建设和示范工程的建设有积极的促进作用。2009 年我国与英国、瑞士合作实施了“中国适应气候变化项目”，对中国适应气候变化科技工作起到了示范和推动作用。此外，我国与英国、意大利、日本、韩国在节能建筑、低碳示范城镇、智能电网等领域也开展了广泛的科技合作。

我国积极开展与发展中国家的气候变化国际科技合作。气候变化、清洁能源、环境已经成为我国与印度、南非、巴西等国的优先合作领域。科技部组织编写了《南南科技合作应对气候变化适用技术手册》，开通了应对气候变化国际科技合作平台网络。科技部与联合国环境规划署（UNEP）签署了《关于非洲环境的技术与机制合作谅解备忘录》（2008 年）和《非洲环境合作项目执行协议》（2009 年），在非洲开展了非洲干旱预警机制及适应性技术示范等项目，帮助非洲国家提高应对气候变化的适应能力。2010 年在清华大学成立了中国 – 巴西气候变化与能源技术创新研究中心，以加深两国在能源技术创新领域的合作。此外，国家海洋局组织开展了“中印尼海洋与气候变化联合研究中心”等项目。

在气候变化社会经济分析及减缓对策方面，我国建立了中国以及全球分区域的能源与气候变化评价模型，并应用模型对我国及世界主要国家与地区未来能源消耗与二氧化碳排放情景进行了模拟；对我国终端用能部门、新能源与可再生能源、二氧化碳捕集与封存等关键技术的减排潜力和成本进行了初步分析评价；对我国未来温室气体减排目标，以及行业和地区减排目标分解方案进行了研究；组织开展了我国碳收集、利用与封存技术发展路线图研究，形成了《中国碳捕集利用与封存技术发展路线图》。

4.1.4 推动碳排放权交易制度建设

1997 年 12 月，在日本东京签订的《京都议定书》中提出了“碳交易”的概念。“碳交易”又称“碳排放权交易”“温室气体排放权交易”，是指在一个特定管辖区域内，允许获得碳排放配额的排放主体将其剩余的指标拿到市场上买卖，确保区域实际排放量不超过限定排放总量的一种减排措施。从事这种排放权交易的市场被称为“碳（交易）市场”。

碳交易分为项目型和配额型两种形态，即一种是基于项目的碳交易，另一种是基于配额的碳交易。我国作为发展中的国家，基于项目的碳交易主要涉及清洁发展机制（CDM），基于配额的碳交易是以试点区域为主进行碳配额交易。总的来说，我国碳交易市场发展经历了试探性 CDM 阶段、试点配额交易阶段、2017 年全面启动全国碳排放交易体系三个阶段。

4.1.4.1　基于项目的 CDM 交易机制

我国作为发展中国家，基于项目的碳交易主要涉及 CDM 项目，是全球最大的 CDM 项目供应国。这些项目表现出结构不均衡、偏向新能源和可再生能源的特点。根据中国清洁发展机制网 CDM 项目数据库数据统计整理，截至 2016 年 8 月 23 日，国家发展改革委已批准 CDM 项目 5074 个，主要涉及新能源和可再生能源、节能和高效、燃料替代、甲烷回收利用、N_2O 分解消除、垃圾焚烧发电、HFC–23 分解、造林和再造林、其他项目 9 大类型。其中，新能源和可再生资源项目 3733 个，项目数最多，约占已批准项目总数的 73.57%；已批准新能源和可再生资源项目估计年减排量约 4.59 亿吨，约占国家发改委已批准项目估计年减排量总量的 58.74%。从我国在 CDM 执行理事会获得签发项目来看，截至 2017 年 8 月 31 日，我国在执行理事会获得签发项目 1557 个，其中，新能源和可再生资源项目 1267 个，约占我国在执行理事会获得签发项目总数的 81%；在执行理事会获得签发新能源和可再生资源项目估计年减排量约为 1.79 亿吨，约占我国在执行理事会获得签发项目估计年减排量总量的 50%。从上述数据可以看出，我国新能源和可再生资源项目所占比重比较大，占绝对主导地位，是我国在执行理事会获得签发的主要领域。

截至 2016 年 8 月 23 日，国家发展改革委已批准 CDM 项目 5074 个。已批准的 CDM 项目数在我国 31 个省、自治区、直辖市的分布情况见图 1。其中，西部地区项目偏多，西部地区 12 个省市区批准项目 2638 个，约占国家发改委已批准项目总数 52%，西部地区占据了半壁江山；东部地区 11 个省市批准项目 1262 个，约占国家发改委已批准项目总数 25%，与西部相比，东部地区项目数偏少。项目总体上呈现出区域性分布不均衡、西多东少的特点。

我国获签发的 CDM 项目数在我国 31 个省、自治区、直辖市的分布情况见图 2。截至 2017 年 8 月 31 日，我国在执行理事会获签发项目数位居全国前 4 位是内蒙古、云南、四川、甘肃，其中：内蒙古获签发项目 194 个，位居全国第一；云南、四川、甘肃获签发项目分别为 157、117、108 个，分别位居全国第二、第三、第四位。西部地区 12 个省市区获签发项目数为 826 个，约占我国在执行理事会获签发项目总数的 53%；东部地区 11 个省市获签发项目 406 个，约占我国在执行理事会获签发项目总数的 26%。从上述数据可以看出，西部地区是我国在执行理事会获签发的主要区域。

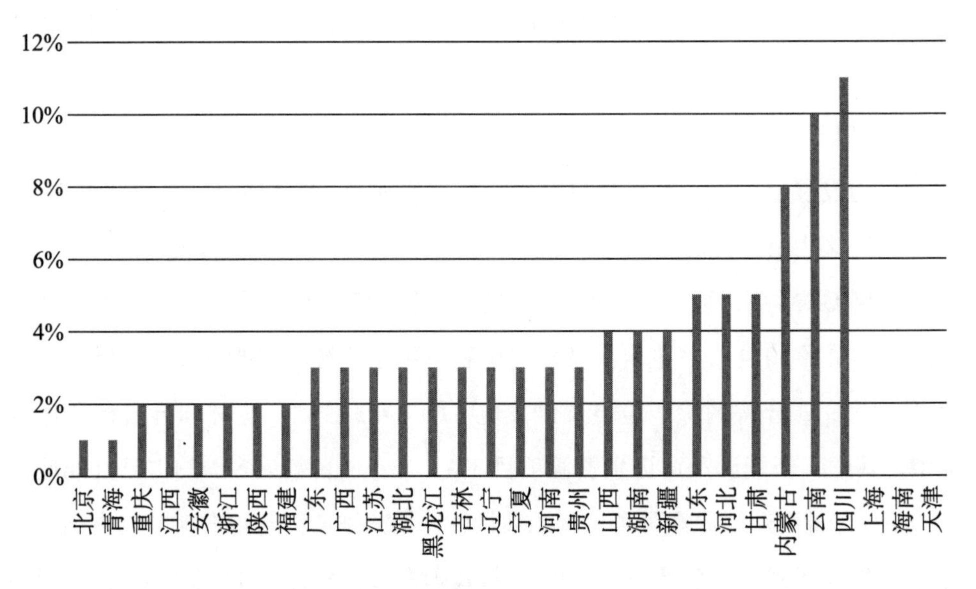

图 1　我国已批准 CDM 项目数分布情况

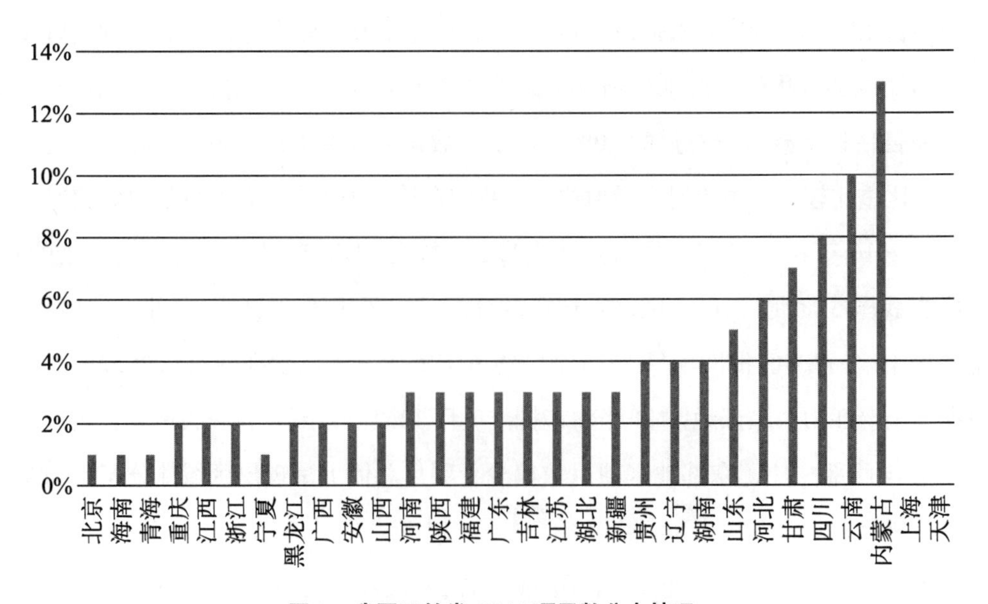

图 2　我国已签发 CDM 项目数分布情况

综上所述，从项目的地域分布来看，呈现“西多东少”的特征，项目主要分布于经济发展水平相对低的西部地区，其中内蒙古、云南、四川和甘肃4省（自治区）项目数长期稳居前4位。而经济发展水平相对较高的地区则偏少，例如天津、江苏、浙江、上海等。

4.1.4.2 基于配额的碳排放权交易制度

碳排放权交易是为促进全球温室气体减排，减少全球二氧化碳排放所采用的市场机制。联合国政府间气候变化专门委员会通过艰难谈判，于1992年5月9日通过了《联合国气候变化框架公约》。1997年12月于日本京都通过了《联合国气候变化框架公约》的第一个附加协议，即《京都议定书》。《京都议定书》把市场机制作为解决以二氧化碳为代表的温室气体的减排问题的新路径，即把二氧化碳排放权作为一种商品，从而形成了二氧化碳排放权的交易，简称碳交易。

我国碳交易体系建立的步骤如下：

第一阶段：2013年~2015年。这一阶段的目标是：地方碳交易试点；尝试总量控制；进行碳交易各方面基础能力和制度建设，增强意识和能力，积累和总结经验教训，为全国体系的建立奠定基础。

第二阶段：2016年~2020年。这一阶段的目标是：逐步建立全国统一碳交易体系；碳交易立法基本形成；总量控制目标基于2020年比2005年单位GDP二氧化碳排放下降40%~45%的强度目标而设定；覆盖高耗能的工业行业排放的二氧化碳，配额分配免费为主；统一企业温室气体排放测量、报告与核查（MRV）的制度和标准，建立企业排放直报制度和信息管理系统；以场内交易为主，交易产品为配额和项目减排量现货；将地方性交易平台整合为1至2个全国交易平台，建立国家级的排放权交易管理和监督机构。

第三阶段：2021年~2030年。这一阶段的目标是：全国统一碳排放交易体系逐渐成熟；制定绝对总量目标；覆盖的行业、企业范围和温室气体种类进一步扩大；增加有偿配额分配比例；增加期货产品，发展碳金融、碳期货。

第四阶段：2030年以后。这一阶段的目标是：制定绝对量化减排目标；使交易体系基本覆盖全经济范围和所有温室气体；配额全部有偿分配；逐渐与其他国家或地区碳交易体系连接；交易平台成熟运行，交易产品包括现货、期货、期权等多种金融衍生品，碳金融业具有国际竞争力。

4.2 我国碳排放交易权交易制度

碳排放权交易是落实我国二氧化碳排放达峰与碳中和目标的核心政策工具之一。自 2011 年 10 月国家发展改革委印发《关于开展碳排放权交易试点工作的通知》以来，先后在七个省市试点碳排放权交易机制，并于 2017 年启动了全国统一碳市场建设。

4.2.1 我国碳排放权试点交易制度

为落实“十二五”规划，2011 年 11 月，国家发展改革委下发了《关于开展碳排放权交易试点工作的通知》，批准在北京、天津、上海、重庆、湖北、广东和深圳 7 省市开展碳排放权交易试点工作，探索利用市场化手段，以较低成本完成排放控制目标。2014 年《碳排放权交易管理暂行办法》、2015 年《国家发展改革委关于落实全国碳排放权交易市场建设有关工作安排的通知》和 2016 年《关于切实做好全国碳排放权交易市场启动重点工作的通知》等文件对于碳交易市场和碳核查制度等作出了详尽的安排。

各试点地区都出台了相应的法律法规（见表 1）来支撑本地区碳排放权交易市场的发展，但立法程度不一，内容涉及碳排放权交易管理、碳核算和报告、碳核查机构管理、自由裁量标准等。其中，北京和深圳分别发布了碳排放交易试点工作的决定、核算和报告行业、自由裁量标准；北京、上海、深圳和重庆颁布了相关碳排放权交易核查机构管理办法等。总体上看，北京和深圳的法律法规建设相对完善。

表 1　试点地区颁布的有关碳核查的重要文件及时间

地区	北京	上海	深圳	重庆	天津	湖北	广东
地方政府颁布的重要管理文件及时间	2014/05/28	2013/11/18	2014/03/19	2014/04/26	2013/12/20	2014/04/04	2014/01/15
	北京市碳排放权交易管理办法（试行）	上海市碳排放管理试行办法	深圳市碳排放权交易管理暂行办法	重庆市碳排放权交易管理暂行办法	天津市碳排放权交易管理暂行办法	湖北省碳排放权管理和交易暂行办法	广东省碳排放管理试行办法

续表

地区	北京	上海	深圳	重庆	天津	湖北	广东
地方人民代表大会颁布的法规及时间	2013/12/27	—	2012/10/30	—	—	—	—
	关于北京市在严格控制碳排放总量前提下开展碳排放权交易试点工作的决定	—	深圳经济特区碳排放管理若干规定	—	—	—	—
核算和报告行业	均颁布了二氧化碳核算和报告指南，涉及钢铁行业、化工行业、旅游饭店、商场、房地产业及金融业办公建筑、航空运输业、非金属矿物制品业、有色金属行业、电力、热力生产业、纺织、造纸行业、水运行业等，具体涉及行业见各试点地区文件						
有关碳核查机构管理的文件及颁布时间	2013/11/20	2014/01/10	2014/05/21	2014/05/28	—	—	—
	北京市碳排放权交易核查机构管理办法（试行）	上海市碳排放核查第三方机构管理暂行办法	深圳市碳排放权交易核查机构及核查员管理暂行办法	重庆市企业碳排放核查工作规范（试行）	—	—	—
自由裁量标准	2015/12/21						
	关于规范碳排放权交易行政处罚自由裁量权的规定	—	《深圳市碳排放权交易管理暂行办法》行政处罚自由裁量权实施标准	—	—	—	—

各试点体系在2013年和2014年分别开始正式运行，到2017年年底已运行了3~4个完整的履约周期，对试点体系的各关键要素和各环节的设计进行了完整的测试。截至2017年12月31日，我国试点省市碳配额累计成交4.70亿吨，成交总额达到104.94亿元，积极、稳步、有序推进了制度建设。试点实践表明，通过对温室气体排放资源的市场

配置以及排放数据等的第三方核查等，碳排放权交易在提高企业的减碳意识、完善企业内部的数据监测体系、促进企业减碳方面发挥了积极和显著作用。

七个碳排放交易试点地区发布的地方性法规、规范性文件、总量目标与覆盖范围见表 2。

表 2　七个碳排放交易试点的地方性法规、规范性文件、总量目标与覆盖范围

试点地区	地方法规	规范性文件	总量目标与覆盖范围
北京	北京市碳排放权交易管理办法（试行）	公布了企业（单位）二氧化碳排放核算和报告指南，以及《碳排放权交易核查管理办法》	1）总量目标：约 0.6 亿吨 CO_2/ 年； 2）范围：能源生产供应、水泥、石化、服务业等行业；2009 年 ~2011 年均二氧化碳直接排放大于 1 万吨的企业（单位）或年二氧化碳间接排放大于 1 万吨的企业（单位），以及自愿参与碳排放权交易的企业（单位），共约 490 家，排放量占全市比重约 50%； 3）气体：CO_2
上海	上海市碳排放管理试行办法	公布了上海市温室气体排放核算与报告指南，含 9 个行业核算与报告方法；公布了第三方核查机构资质要求	1）总量目标：约 1.5 亿吨 CO_2/ 年； 2）范围：钢铁、石化、化工、有色、电力、建材、纺织、造纸、橡胶、化纤等工业行业 2010 年 ~2011 年中任何一年二氧化碳排放量 2 万吨及以上（包括直接排放和间接排放）的重点排放企业，以及航空、港口、机场、铁路、商业、宾馆、金融等非工业行业 2010 年 ~2011 年中任何一年二氧化碳排放量 1 万吨及以上的重点排放企业，共 191 家，约占全市排放量的 57%； 3）气体：CO_2
天津	天津市碳排放权交易管理暂行办法	发布了 1 个碳排放报告编制指南、5 个行业核算指南和《碳排放权交易第三方核证机构备案管理办法》	1）总量目标：约 0.8 亿吨 CO_2/ 年； 2）范围：钢铁、化工、电力热力、石化、油气开采五大重点排放行业和民用建筑领域中 2009 年以来任一年排放二氧化碳 2 万吨以上的企业或单位，约 114 家，约占全市排放量的 60%； 3）气体：CO_2
重庆	重庆市碳排放权交易管理暂行办法	正在制定工业企业碳排放核算和报告指南，以及企业碳排放核算、报告和核查细则	1）总量目标：约 1 亿吨 CO_2/ 年； 2）范围：2008 年 ~2010 年任一年直接和间接排放 2 万吨二氧化碳当量及以上的工业企业，以及 2010 年后建成投产项目年直接和间接排放在 2 万吨二氧化碳当量及以上的工业企业，240 余家，占全市排放量的 39.5%； 3）气体：6 种温室气体

续表

试点地区	地方法规	规范性文件	总量目标与覆盖范围
深圳	深圳市碳排放权交易管理暂行办法	公布了《组织的温室气体量化和报告指南》《建筑物温室气体排放的量化和报告规范及指南》，以及《组织温室气体排放的核查规范及指南》	1）总量目标：约0.3亿吨CO_2/年； 2）范围：2009年~2011年任何一年碳排放总量超过1万吨二氧化碳当量的企业和碳排放总量超过5000吨二氧化碳当量的建筑物，共约635家工业企业和200栋大型公共建筑，排放量约占总量的40%； 3）气体：CO_2
广东	广东省碳排放管理试行办法	公布了《广东省企业（单位）二氧化碳排放信息报告指南》和4个行业碳排放核算指南，以及《广东省企业碳排放核查规范》	1）总量目标：约3.5亿吨CO_2/年； 2）范围：电力、水泥、钢铁、陶瓷、石化、纺织、有色、塑料、造纸等工业行业中2011年~2014年任一年排放2万吨二氧化碳（或综合能源消费量1万吨标准煤）及以上的企业，约202家，约占全省能源消费量的40%； 3）气体：CO_2
湖北	湖北省碳排放权管理和交易暂行办法	制定了《湖北省工业企业温室气体排放监测、量化和报告指南（试行）》、1个指南通则和11个行业指南；制定了《湖北省温室气体排放核查指南（试行）》等	1）总量目标：约1.2亿吨CO_2/年； 2）范围：2010年和2011年任何一年中年综合能耗在6万吨标煤及以上的约153家工业企业，约占全省排放量的33%，涉及建材、化工、电力、冶金、食品饮料、石油、汽车及其他设备制造、化纤、医药、造纸等行业； 3）气体：CO_2

碳排放权交易试点的实践为我国全国碳排放权交易体系的建设和运行奠定了坚实的理论和实践基础。首先，试点体系的设计充分考虑了我国经济和社会发展中的相关特殊问题，例如电力和热力企业由于受到较严格的管制所带来的生产成本增加不能向下游自由传导、对碳交易有直接影响的各种政策并存等。试点体系设计中对这些问题的处理方式以及运行效果为全国碳排放权交易体系提供了有益的参考。其次，不同试点体系的设计存在较大差异，试点体系的运行事实上测试和比较了各种不同设计方案的效果，为全国碳排放权交易体系选择最佳设计方案提供了实践依据。最后，通过参与试点体系的建设和运行，一批市场参与主体（包括主管部门、重点排放单位、第三方核查机构、交易所和交易机构等）的意识和能力得到了极大提高，这些机构在全国碳排放权交易体系的建设中积极帮助非试点地区进行能力建设，起到了种子的作用。

4.2.2 我国碳排放权交易制度建设及展望

国家发展改革委积极推动全国碳排放权交易体系运行所需的各项建设工作，并在各个方面均取得了重大进展或者完成了相关工作。在此基础上，全国碳排放权交易体系已经于 2017 年 12 月 19 日正式启动，兑现了我国对国际社会的承诺。为统一和确保全国碳排放权交易体系下重点排放单位排放数据的质量，国家发展改革委已经发布了 24 个行业的企业温室气体排放核算与报告指南，并下发了《全国碳排放权交易第三方核查机构及人员参考条件》和《全国碳排放权交易第三方核查参考指南》，为企业排放数据等信息的报送提供技术指南。在此基础上，全国各个省、自治区、直辖市已经组织完成了各自行政区域内可能纳入全国碳排放权交易体系的企业的历史年份排放量等数据的报送工作，为全国碳排放权交易体系启动奠定了坚实的数据基础。

“十二五”期间的碳排放交易试点省市工作，是为全国性碳市场的建立探索和积累经验，“十三五”期间将进一步扩大试点范围，逐步建立全国性的碳市场。碳市场的建立，对于发挥市场机制在节能增效减碳当中的基础性作用、完善节能增效减碳的长效机制将会产生深远的影响。

根据国家发展改革委近期公布的路线图，建立全国碳市场分为三个阶段。第一阶段为 2014 年和 2015 年的准备阶段，其间主要开展相关法律法规立法、技术标准开发和配额分配方法制定等工作。第二个阶段为 2016 年至 2020 年的运行完善阶段，也是全国碳市场的第一阶段，其间国家发改委将全面启动实施和完善全国统一的碳市场。第三个阶段为 2020 年后的拓展阶段。在此期间将扩大参与企业范围和碳市场中的交易品种，同时将探索与国际上其他试点对接的可能性。

建立全国性碳市场，需要解决立法与 MRV 体系等相关基础问题，另外，碳期货等碳金融衍生产品的发展以及各碳排放权交易试点省市之间的连接，也是必须要解决的问题。同时，最核心的问题是，配额分配以及控排系数如何反映地区差异、行业差异和企业差异，以及试点现存的制度、履约方式、处罚标准如何与全国碳市场衔接或统一也是跨区域交易面临的挑战。

因此，全国碳交易主管部门首先应加快全国碳交易立法工作，确保全国碳市场建设的政策基础和强制力。另外，全国碳交易主管部门应针对全国碳市场建设的重大需求尽快制定和颁布全国碳市场总量目标、地方总量目标、全国碳市场纳入重点企业门槛、配额分配方法、地方执法权力等核心要素的管理细则和技术规范，使地方能够以此为参照，在政策上和技术上及时做好准备，减小地方融入与全国碳市场的阻力。

总之，无论是试点地区还是非试点地区在全国碳市场建设进程中都面临巨大的挑战，特别是试点地区可能比非试点地区面临更多的挑战。但是，全国碳市场建设也为地方经济发展转型带来了契机，为地方低碳发展开辟了新空间、探索了新途径。全国碳市场启动日趋临近，地方必须未雨绸缪，在政策、技术和管理等方面积极准备，迎接全国碳市场。

4.3　温室气体自愿减排项目审定与核证

为实现中国2020年单位国内生产总值二氧化碳排放下降的目标，《中华人民共和国国民经济和社会发展第十二个五年规划纲要》提出，应逐步建立碳排放交易市场，发挥市场机制在推动经济发展方式转变和经济结构调整方面的重要作用。我国已经开展了一些基于项目的自愿减排交易活动，对于培育碳减排市场意识、探索和试验碳排放交易程序和规范具有积极意义。为保障资源减排交易活动有序开展，调动全社会自觉参与碳减排活动的积极性，为逐步建立总量控制下的碳排放权交易市场积累经验，奠定技术和规则基础，2012年6月13日，国家发展改革委印发了《温室气体自愿减排交易管理暂行办法》（发改气候〔2012〕1668号），明确我国温室气体自愿减排交易机制为：国家主管部门负责方法学、减排项目、核证的减排量，以及审定与核证机构的备案工作；审定与核证机构负责按照备案的方法学开展减排项目的审定与减排量核证工作。

《温室气体自愿减排交易管理暂行办法》适用于二氧化碳、甲烷、氧化亚氮、氢氟碳化物、全氟化碳和六氟化硫六种温室气体的自愿减排量的交易活动。温室气体自愿减排交易遵循公开、公平、公正和诚信的原则，所交易减排量应基于具体项目，并具备真实性、可测量性和额外性。国家发展改革委是温室气体自愿减排交易的国家主管部门，依据该暂行办法对中国境内的温室气体自愿减排交易活动进行管理。国内外机构、企业、团体和个人均可参与温室气体自愿减排量交易。

国家对温室气体自愿减排交易采取备案管理。参与自愿减排交易的项目，在国家主管部门备案和登记，项目产生的减排量在国家主管部门备案和登记，并在经国家主管部门备案的交易机构内交易。申请备案的自愿减排项目在申请前应由经国家主管部门备案的审定机构审定，并出具项目审定报告。对申请备案的自愿减排项目有相应的要求。国务院国有资产监督管理委员会管理的中央企业中直接涉及温室气体减排的企业（包括其下属企业、控股企业）可以直接向国家发展改革委申请自愿减排项目备案，具体名单由国家主管部门制定、调整和发布。未列入前款名单的企业法人，通过项目所在省、自治区、直辖市发展改革部门提交自愿减排项目备案申请。省、自治区、直辖市发展改革部门就备案申请材料的完整性和真实性提出意见后转报国家主管部门。

经备案的自愿减排项目产生减排量后，作为项目业主的企业在向国家主管部门申请减排量备案前，应由经国家主管部门备案的核证机构核证，并出具减排量核证报告。对年减排量 6 万吨以上的项目进行过审定的机构，不得再对同一项目的减排量进行核证。国家主管部门依据专家评估意见对减排量备案申请进行审查，对符合特定条件的减排量予以备案。经备案的减排量称为"国家核证自愿减排量"（CCER）。

自愿减排项目减排量经备案后，在国家登记簿登记并在经备案的交易机构内交易。用于抵消碳排放的减排量，会在交易完成后在国家登记簿中予以注销。温室气体自愿减排量应在经国家主管部门备案的交易机构内，依据交易机构制定的交易细则进行交易。经备案的交易机构的交易系统与国家登记簿连接，实时记录减排量变更情况。交易机构通过其所在省、自治区和直辖市发展改革部门向国家主管部门申请备案。温室气体自愿减排交易审定与核证机构通过其注册地所在省、自治区和直辖市发展改革部门向国家主管部门申请备案。

为落实《温室气体自愿减排交易管理暂行办法》，进一步明确温室气体自愿减排项目审定与核证机构的备案要求、工作程序和报告格式，促进审定与核证结果的客观、公正，保证温室气体自愿减排交易的顺利开展，国家发展改革委办公厅于 2012 年 10 月发布了《温室气体自愿减排项目审定和核证指南》，规定了审定与核证机构备案的具体要求，如有关备案的具体资质要求，申请材料要求和后续工作要求，审定与核证工作的基本原则、程序及要求。审定与核证机构应遵循客观独立、公正公平、诚实守信和认真专业的原则。

审定机构应按照规定的程序进行审定，主要步骤包括合同签订、审定准备、项目设计文件公示、文件评审、现场访问、审定报告的编写及内部评审、审定报告的交付七个步骤。自愿减排项目应当满足项目资格条件、项目设计文件、项目描述、方法学选择、项目边界确定、基准线识别、额外性、减排量计算和监测计划九个方面的要求。

核证机构应按照规定的程序进行核证，主要步骤包括合同签订、核证准备、监测报告公示、文件评审、现场访问、核证报告的编写及内部评审、核证报告的交付七个步骤。核证要求分为减排量的核证要求（包括自愿减排项目减排量的唯一性、项目实施与项目设计文件的符合性、监测计划与方法学的符合性、监测与监测计划的符合性、校准频次的符合性、减排量计算结果的合理性）和项目备案后变更的审定要求（包括监测计划或者方法学的临时偏移、项目信息或参数的纠正、计入期开始时间的变更、监测计划或者方法学永久性的变更、项目设计的变更）。

温室气体自愿减排项目分为以下 16 个专业领域：能源工业（包括可再生能源 / 不可再生能源）、能源分配、能源需求、制造业、化工行业、建筑行业、交通运输业、矿产品、金属生产、燃料的飞逸性排放（固体燃料，石油和天然气）、碳卤化合物和六氟化硫的生产和消费产生的飞逸性排放、溶剂的使用、废物处置、造林和再造林、农业、碳捕获与储存。

截至 2015 年 1 月底，国家发展改革委累计公布了 181 个中国温室气体自愿减排方法学，涵盖了所有联合国清洁发展机制（CDM）方法学涉及的领域；公示审定自愿减排（VER）项目 511 个，分属包括 7 个碳交易试点地区在内的 31 个省、自治区、直辖市，涉及新能源和可再生能源、甲烷回收、节能和提高能效、燃料替代、垃圾焚烧发电、造林和再造林领域；签发了 26 个 VER 项目的 CCER，共计约 1372 万吨（以二氧化碳当量计）。

4.4 重点企（事）业单位温室气体报告制度

为贯彻落实《中华人民共和国国民经济和社会发展第十二个五年规划纲要》和《国务院关于印发“十二五”控制温室气排放工作方案的通知》（国发〔2011〕41 号）的要求，落实我国控制温室气体排放行动目标、加快生态文明制度建设，我国实行了重点企（事）业单位（以下简称“重点单位”）温室气体排放报告制度。

重点单位温室气体排放报告的责任主体为：2010 年温室气体排放达到 13000 吨二氧化碳当量，或 2010 年综合能源消费总量达到 5000 吨标准煤的法人企（事）业单位，或视同法人的独立核算单位。重点单位参照《国家发展改革委办公厅关于印发首批 10 个行业企业温室气体排放核算方法与报告指南（试行）的通知》（发改办气候〔2013〕2526 号），报告年度温室气体排放总量，并分别报告化石燃料燃烧温室气体排放量、工业生产过程温室气体排放量、净购入电力和热力消费所对应的温室气体排放量；如报告主体存在注册所在地之外的温室气体排放，还应参照上述范围单独报告该部分温室气体排放情况，同时报告核算温室气体排放所涉及的各个环节活动水平数据及其来源、排放因子数据及其来源等。报由各地省级应对气候变化主管部门组织，第三方机构开展重点单位排放报告温室气体排放的数据信息核查。

通过开展重点单位温室气体排放报告工作，可以全面掌握重点单位温室气体排放情况，加快建立重点单位温室气体排放报告制度，完善国家、地方、企业三级温室气体排放基础统计和核算工作体系，加强重点单位温室气体排放管控，为实行温室气体排放总量控制、开展碳排放权交易等相关工作提供数据支撑。同时，也有助于加快培育和提高广大企（事）业单位的低碳意识，强化减排社会责任，落实节能减碳措施，加强基础能力建设，进一步提高我国自主减排行动的透明度。

4.5 节能量审核制度

为了落实节约资源的基本国策，加快建设节约型社会，实现《中华人民共和国国民经济和社会发展第十一个五年规划纲要》提出的节能目标，2006 年 8 月，国务院印发了《国务院关于加强节能工作的决定》，提出要在六个方面着力抓好重点领域节能，大力推进节能技术进步。2007 年 6 月，国务院印发了《节能减排综合性工作方案》，对节能减排工作作出了部署，提出要完善政策，形成激励和约束机制。

为加快推广先进节能技术，提高能源利用效率，实现“十二五”期间单位国内生产总值能耗降低 16% 的约束性指标，根据《中华人民共和国节约能源法》和《中华人民共和国国民经济和社会发展第十二个五年规划纲要》，中央财政安排专项资金，采取“以奖代补”方式，对企业实施节能技术改造给予适当支持和奖励。为加强财政资金管理，提高资金使用效率，财政部和国家发展改革委在 2011 年 6 月制定了《节能技术改造财政奖励资金管理办法》。该办法规定节能量的审核由政府指定的第三方机构承担。为了规范和管理审核活动，同时出台了《节能项目节能量审核指南》，指南对节能项目节能量的审核的原则、依据和方法、审核内容、审核程序以及审核报告等作出了规定，给出了《节能量确定和监测方法》，明确了节能量确定原则、节能量计算方法和步骤，并对节能量监测提出了要求；统一了企业、审核机构、主管部门之间对于节能量确定和监测的方法。

节能量审核主要依据《节能项目节能量审核指南》《节能量确定和监测方法》，以及企业提交的财政节能奖励资金申请报告和相关国家标准、行业标准。项目预计实现的节能量由企业核算，企业要报告项目改造前用能状况、节能措施、节能量确定方法及监测计划等。对企业用能、节能报告的真实性，首先由政府指定的第三方机构对企业报告的真实性进行审核，证实其节能技术改造的可行性。项目改造完成后，第三方机构再次进行审核，按照统一的方法进行计算和检测，核定节能量。

审核报告分为基准能耗审核报告和实际节能量审核报告。基准能耗审核报告主要是对项目实施前的能耗状况、计量管理体系的真实性和有效性所作的报告；实际节能量审核报告是对项目完成后的实际节能量审核情况所作的报告。审核机构按照节能量审核委托方的要求，按时提交审核报告，并报送有关部门。审核机构对审核报告的真实性负责，承担相应法律责任。

4.6　低碳认证制度

随着全球气候问题的日益凸显，为了应对气候变化，控制温室气体排放，规范低碳产品认证活动，引导低碳生产和消费，国家认监委与国家发展改革委密切配合，联合其他相关部委，于 2013 年 2 月正式出台了《低碳产品认证管理暂行办法》，建立了国家统一的低碳产品认证制度。低碳产品认证，是指由认证机构证明产品碳排放量值符合相关低碳产品评价标准或者技术规范要求的合格评定活动。国家实行统一的低碳产品目录，统一的标准、认证技术规范和认证规则，统一的认证证书和认证标志。国家低碳产品认证的产品目录，由国务院发展改革部门会同国务院认证认可监督管理部门制定、调整并发布。

《低碳产品认证管理暂行办法》规定了低碳产品认证机构、从事相关检测活动的实验室和核查人员的资质和能力。低碳产品认证针对不同的产品采取不同的认证模式。认证机构应当依据该办法及低碳产品认证规则的规定，采用相应的认证模式进行认证。认证机构应当委托实验室对认证委托人送交的产品样品进行检测，实验室对检测结果负责。认证机构还应委派专职认证核查人员进行现场核查。

低碳认证制度是一种用于评估和认证产品、服务或组织的碳排放水平的制度。它旨在促进减少温室气体排放，并帮助消费者和企业做出可持续的选择。

低碳认证制度通常通过收集和核实相关数据来评估碳排放水平。这些数据可能包括生产过程中消耗的能源类型和数量、排放的温室气体种类和数量等。通过与标准或目标进行比较，能够确定产品、服务或组织的碳排放水平。

通过低碳认证制度，消费者能够更好地了解他们所购买的产品或使用的服务的环境影响。同时，企业也能够借此证明他们在减少碳排放方面的努力，并提供可持续的解决方案。

不同地区和行业可能有不同的低碳认证制度。一些国家和地区已经实施了碳排放交易市场，通过购买和出售碳排放配额来鼓励减排。另外，一些行业也有自己的低碳认证标准，例如可再生能源认证和碳中和认证等。

5 我国碳排放 MRV 体系建设建议

5.1 建立健全 MRV 体系立法

在 MRV 体系立法方面，美国和欧盟都颁布了较高层次的 MRV 体系专门立法。美国采用的是联邦立法形式，欧盟采用的是区域整体立法。

我国应当在《联合国气候变化框架公约》和《京都议定书》框架下认真盘点自身的气候变化影响，总结地方、企业已有的好做法，倾听民间环保组织与公众的合理诉求，本着共同而有区别的责任原则，以高度的责任感和政治意志力推动全国性综合气候变化立法，做好顶层设计，为守法、执法与司法实践提供全局性与纲领性的法律框架。同时，也借此反映我国的气候变化立场、主张和对国际社会的承诺。

整合现有立法、构建有机统一的气候立法体系必不可少。一个国家有无比较完备的气候变化立法体系，是衡量该国应对气候变化水平的重要标志。应对气候变化是一个系统工程，单靠一两部立法无从解决问题，需要一系列的立法共同应对和处理。应通过制定完善的排放权交易规则与监管规则，并辅之以财政支持，融资、税收等优惠措施，引导全社会节能减排、保护环境；应鼓励企业开展技术创新，开展低碳产品的研发、转化、推广和应用，为社会提供更多低碳产品；同时确保这些产品为公众所接受和承受，从而形成稳定、良性的供需链条，使导致气候变化的生产生活方式逐步减弱；应当建立健全温室气体减排核算体系，确立行业内最佳规范；实行分阶段、阶梯式减排额度分配制度，根据行业特点与温室气体排放水平，核准不同比例的排放额度，并适时调低减排额度，从而避免一些排放行业承担过重的减排成本，而另一些行业获得高额意外收益。应对气候变化法律的整合也是一个利益调整过程，应当力求做到在兼顾国家利益和个人利益的基础上使社会利益得到最大限度的体现。

国家发展改革委于 2014 年 12 月发布的《碳排放权交易管理暂行办法》（国家发展和改革委员会令第 17 号），属于国务院部门规章，为我国碳排放交易体系建设提供了法律依据，并对其基本框架作出了规定。推动 MRV 立法既是国内碳排放交易制度能否有效实施的核心之一，也是我国积极履行国际气候公约义务的重要保障。如果要真正在全国推进碳排放体系建设，是不能、也无法仅仅在国家发展改革委气候司层面来操作的，必须在全国人大层面来设立相关的法律法规（类似欧盟关于建立其碳市场那样）。立法问题是碳市场发展中第一个要解决的基础问题。作为一个强制性的市场，只有立法问题解决了，才能在法律上把高排放企业强制纳入碳排放交易，同时也有助于我国参与国际气候谈判、维护国家利益、争取国际发展空间。

5.2　统一核查机构管理制度和核查标准

建立健全碳排放第三方核查机构认可管理制度，不但有利于第三方核查机构的规范管理、确保第三方核查机构的公正性与客观性、提升核查人员的专业能力，也有利于提升核查机构管理水平，提高核查工作的有效性并促进碳核查的可持续发展。此外，还有利于未来国家与国际层面上核查结果的互认。

由于国内没有明确的监管部门，导致对核查机构的要求和培育没有系统的做法和要求，因此各核查机构的发展和能力参差不齐，很大程度制约了我国碳市场的发展。核查机构和碳市场的成长，一方面需要引进和借鉴国外温室气体管理成熟模式和健全的 MRV 制度，另一方面需要参考各试点省市的成功核查实践，最终形成一批既与国际接轨、又具备我国特色的优秀第三方核查机构，这也是形成健康、良性碳市场的重要保证。

因此，要加快研究制定碳排放第三方核查机构准入资质标准，建立准入制度。探索对碳排放第三方核查机构进行分级管理，在准入制度建立的初始阶段就要引入退出机制。通过划分第三方核查机构的信用等级，提高第三方核查机构的准入标准，把有不良记录的第三方核查机构排除在外。政府应按照公平、公正、公开和竞争的原则，采取面向社会公开征集、机构自愿申请、专家审核、相关管理部门审定的程序进行资质审定。

应该基于专业性、广泛性、一致性、公正性、互动性几方面的考虑来培育第三方核查机构。专业性是指，第三方核查机构应采用国家指定的排放基准、测量与核算方法，利用排放企业提供的资料和协助，采用专业的方法来进行监督和审核。广泛性是指，为了保证公平性和竞争性，避免出现一家独大的情况，国家应该主要发展中央政府指定的第三方独立法人核查机构，同时鼓励各地方政府和民间建立第三方核查机构，通过严格的资格审查，赋予相关机构监督审核的权利。一致性是指，为了保证第三方核查机构对不同地区和部门核查口径的一致性，国家应进一步规范和统一各地区能源统计部门的工作，保证中央和地方能源统计工作的一致性。公正性是指，第三方核查机构需要做好监督核查的信息披露工作，公平、公正地对待所有的排放部门和企业，及时更新和完善各部门企业的温室气体排放状况，接受国家主管部门、其他第三方监管机构企业以及个人的监督。互动性是指，交易所作为温室气体排放权交易的场所，需要从第三方核查机构获得相关排放企业经核证的排放信息，从而监督他们的交易行为；第三方核查机构可以通过交易所实时公布的交易情况，与实际排放情况进行对比，监督相关部门和企业的排放行为。

核查机构在开展核查工作时，应当遵循独立性、公正性和保密性原则。核查依据为国家发改委已经公布和未来将要公布的企业温室气体排放核算与报告指南，或根据这些指南制定的国家标准以及国家有关法律法规等。对于重点排放单位的有关信息，核查机构应当判断信息来源的可靠性和信息内容的可信度，并核实数据的准确性、相关性、透明性和一致性，不应当忽略任何与核查结论相悖的客观证据。核查机构在核查过程中，应当确保历史排放报告和年度排放报告的核查方法保持一致；应当确保在不同二氧化碳重点排放单位存在类似情形时，核查方法保持一致。核查标准应对核查流程和核查组成员的专业知识或技能等做出相关规定。

除了建立全国统一的核查机构管理制度，还应建立全国统一的核查标准。核查标准应明确相关各方职责、检验检测、报告管理、核查管理、核查实施、监管职责、动态监管、申诉投诉及法律责任等内容。

5.3　建立碳信用评级和评价制度

世界各国日益重视绿色低碳发展，将应对气候变化行动纳入经济社会发展的主流，通过制度和政策创新、技术进步等，促进整个经济社会向高能效、低能耗和低碳的模式转型。随着产业减排行动的不断推进和市场化减排机制的不断发展，与碳排放相关的信用评级和信息披露已经越来越多地出现在国内外产业与金融发展的实践中。目前，国际上已有评级机构提供碳信用评级和管理咨询服务，还出现了将国家碳排放状况与主权信用评级挂钩的声音。

2008 年 6 月 25 日，全球首家独立的碳减排信用评级机构 IDEAcarbon（碳道）在伦敦证券交易所正式启动。该机构为参加清洁发展机制（CDM）、联合履约机制（JI）和自愿市场的企业和项目提供详细的信用评级服务，内容主要涉及项目框架、实施环境、参与方和项目自身情况。

我国可以借鉴国际先进经验，建立碳评级机构来开展评级工作：第一，收集、整合相关企业或项目的信息并录入数据库，这些信息在后续分析中将用于生成评估工作所需要的参数；第二，采用具体的数据分析方法，分别开展针对项目注册风险的评估和项目取得减排绩效所面临主要风险的识别；第三，在此基础上开展对企业或项目的评估，形成评级；第四，发布最终的评级结果。以碳道为例，该机构在评级中采用定性和定量相结合的综合评价方法，力图使评级结果更加全面、可信。通过一系列复杂的审核、计算对参与评级的项目给出不同等级，其中 AAA 为最高级别，而 C 和 D 表明被审核项目很难达到减排标准。

气候变化和碳排放问题日益受到国际社会的关注。全球各地许多政治家、商界领袖和智库组织都指出气候变化将导致越来越大的风险和成本，这些认识进一步增强了市场对碳排放评价需要的考量。例如，2014 年 5 月，劳埃德保险社提出建议，保险公司需要将气候变化问题纳入风险评估模型。可以预见，今后更多的评级机构将会考虑碳排放因素。

2014 年 5 月 16 日，全球三大评级机构之一的标准普尔发布报告称，气候变化将影响主权信用评级。报告指出，气候变化（特别是全球变暖）将不利于经济增长以及公共财政，可能对很多国家的主权信誉造成影响，而且在绝大多数情况下将是负面影响。目前，还没有评级机构因为气候问题调整过任何国家的主权信用评级。但是，气候变化的经济影响日益凸显，不排除评级机构未来将碳排放状况纳入主权信用评级的可能。一旦出现将国家碳排放状况与主权信用评级挂钩的情况，国际气候制度的发展将可能受到深刻影响。

同时，我国应继续推进碳排放的企业信用评价制度。为实现节能减排目标，中央和地方都出台了相关政策，将碳排放等环境信息作为企业信用评价的要素之一。这些政策促使企业将外部压力转化为绿色低碳发展的内生动力。天津、武汉分别作为碳交易试点城市和低碳发展试点城市，已出台与碳排放挂钩的信用评价相关的政策。《天津市碳排放权交易管理暂行办法》中第二十九条和第三十条规定：“市发展改革委会同相关部门建立纳入企业和第三方核查机构信用档案，委托第三方机构定期进行信用评级，将评定结果向财政、税务、金融、市场监管等有关部门通报，并向社会公布。”“本市鼓励银行及其他金融机构同等条件下优先为信用评级较高的纳入企业提供融资服务，并适时推出以配额作为质押标的的融资方式。”《武汉市低碳城市试点工作实施方案》中提出，要“推进市发展改革委与中国人民银行达成协议，将企业低碳发展情况作为企业信用评级标准之一纳入企业信用评级档案。”

同时，还应继续开展环境信用评价工作。2013 年 12 月，环境保护部会同国家发展改革委、人民银行、银监会联合发布了《企业环境信用评价办法（试行）》，指导各地开展企业环境信用评价，督促企业履行环保法定义务和社会责任，约束和惩戒企业环境失信行为。该办法明确了企业环境信用评价工作的职责分工、应当纳入的企业范围、评价的等级、方法、指标和程序以及激励惩戒的具体措施。它将企业环境信用等级分为环保诚信企业、环保良好企业、环保警示企业、环保不良企业 4 个等级，依次以绿牌、蓝牌、黄牌、红牌标示。

5.4　建立统一的碳排放注册、报告和核查平台

通过建立统一的碳排放注册、报告和核查平台，可以和谐一致性的注册为全国各地碳市场的建立提供可靠的数据基础，而且使得碳排放企业可以按照一致性的要求进行报告。这样在碳市场中就有可靠、准确和透明的数据来保证碳市场的正常运转。应鼓励排放主体参与培训，采用统一的标准方法，按时地向政府提交报告。

在统一的碳排放注册数据方面，应在国内积极开展和推广企业碳排放注册和信息公开。目前企业所报告的节能和减排数据的误差很大，在污染控制数据的报告上谎报、瞒报情况严重。在节能方面多报节能量和减碳量的情况比较普遍。企业虚夸减排量和节能量不仅是为了完成政府下达的任务，同时也为争取政府的节能减排资金。而统一、公开的碳排放注册则可以避免这种情况的发生。

为满足报告和核实的要求，排放因子应与当地的经济和技术发展水平相呼应。应帮助企业加强能力建设和培训，同时鼓励和宣传那些在减排方面做出优秀成绩的企业，提高其社会知名度。

企业应加强对数据的核实以及采用统一的标准收集、整理和报告数据，同时也应采用

强制性的政策要求和鼓励自愿性的激励方法，使企业进行注册和信息披露等。这样不仅可以通过 MRV 体系进行核实，而且能够使部门、地区和国家所搜集的数据准确、完整。

通过统一的 MRV 体系来建立一个统一的数据平台，使数据公开、透明、可比较和准确可靠，这种和谐一致的温室气体报告系统可以支持制定各种气候政策目标和需求，例如可以支持自愿的信息披露，也可以支持全国乃至全球的碳市场开发。

该平台应广泛纳入参与方，如政府、技术持有者、金融机构、潜在技术使用者以及第三方服务机构。这样技术持有者通过平台可以发布技术信息，政府可以通过平台了解技术信息、发布相关的推广政策，银行、风险投资机构等投资方可以通过平台寻找适合的投资技术，第三方服务机构可以公开技术体系文件、展示评价资料，潜在的技术使用者可以寻找满足自己要求的技术。

5.5 建立健全碳排放权抵消机制

建立健全以国家温室气体自愿减排交易机制为基础的碳排放权抵消机制，将具有生态、社会等多重效益的林业温室气体自愿减排项目优先纳入全国碳市场，能够充分发挥碳市场在生态建设、修复和保护中的补偿作用，引导碳交易履约企业和帮扶单位优先购买贫困地区林业碳汇项目产生的减排量，鼓励通过碳中和、碳普惠等形式支持林业碳汇发展。

5.6 加强我国 MRV 体系建设并与国际接轨

碳减排的透明度已成为气候谈判的核心问题。根据“巴厘岛路线图”的要求，发达国家的减缓行动和发展中国家在发达国家资金和技术支持下的减排行动都具有法律约束力，应按照 MRV 原则进行核查。发展中国家可持续发展过程中获技术、资金和能力建设援助的国家适当减缓行动（NAMA）也要符合 MRV。因此，应：

（1）加强研究与国外碳排放交易市场的衔接。EU ETS 第三期对与其他碳交易体系的链接持更开放的态度，而其他国家、地区交易体系的陆续建立则提供了建立链接的机会。我国也应积极参与全球性和行业性多边碳排放交易规则和制度的制定，密切跟踪其他国家（地区）碳交易市场的发展情况。同时，根据我国国情，研究我国碳排放权交易市场 MRV 体系与国外碳排放权交易市场衔接的可行性。在条件成熟的情况下，探索我国与其他国家

（地区）开展双边和多边碳排放权交易活动相关合作机制。

（2）积极建设性参与国际气候谈判多边进程。坚持和维护联合国气候变化谈判的主渠道地位，积极参与气候变化相关多边进程，发挥负责任大国作用，加强发展中国家整体团结协调，维护发展中国家共同利益，加强与发达国家气候变化对话与交流，增进相互理解，反对以应对气候变化为名设置贸易壁垒。

（3）加强与国际组织合作并推动与发达国家合作。深化与联合国相关机构、政府间组织、国际行业组织及世界银行、亚洲开发银行、全球环境基金等多边机构的合作，建立长期性、机制性的气候变化合作关系；积极参与 UNFCCC 下绿色气候基金、适应气候变化委员会、技术执行委员会、气候技术中心和网络等机构建设及业务运营，引进国际资金；积极借鉴和引进发达国家先进气候友好技术和成功经验，加强重点领域和行业对外合作；与主要发达国家建立双边合作机制，加强气候变化战略政策对话和交流，开展务实合作；鼓励和引导国内外企业参与双边合作项目。

参考文献

[1]冯楠．国际碳金融市场运行机制研究[D]．吉林：吉林大学，2016.

[2]包玉华，雒小蕾．德班会议成果分析以及我国的应对措施[J]．哈尔滨：东北林业大学，2013(4)27-28.

[3]中华人民共和国国民经济和社会发展第十二个五年规划纲要[EB/OL]．[2018-11-24]．http://baike.so.com/doc/6705485-6919469.html.

[4]中华人民共和国国民经济和社会发展第十三个五年规划纲要[EB/OL]．[2018-11-24]．http://news.xinhuanet.com/politics/2016lh/2016-03/17/c_1118366322.htm.

[5]杨宏伟．我国清洁发展机制项目申报与审批程序及常见问题分析[R/OL]．[2018-09-26]．https://www.doc88.com/p-18065686049.html.

[6]中华人民共和国国务院．"十二五"控制温室气体排放工作方案[Z/OL]．[2018-11-13]．https://www.gov.cn/zwgk/2012-01/13/content_2043645.htm.

[7]中华人民共和国国务院．"十三五"控制温室气体排放工作方案[Z/OL]．[2018-10-27]．https://www.gov.cn/zhengce/content/2016-11/04/content_5128619.htm.

[8]国家发展改革委办公厅．关于开展碳排放权交易试点工作的通知[R/OL]．[2018-10-29]．https://zfxxgk.ndrc.gov.cn/web/iteminfo.jsp?id=1349.

[9]国家发展和改革委员会．碳排放权交易管理暂行办法[Z/OL]．[2018.12.10]．https://www.gov.cn/gongbao/content/2015/content_2818456.htm.

[10]国家发展和改革委员会．温室气体自愿减排交易管理暂行办法[Z/OL]．[2018-06-13]．https://www.beijing.gov.cn/zhengce/zhengcefagui/qtwj/201611/t20161115_11620960.html.

[11]郑爽．全国七省市碳交易试点调查与研究[M]．北京：中国经济出版社，2014.

[12]张雪．中国碳交易试点的制度分析[J]．全国商情，2016(9)：66.

[13]郭慧婷，陈亮，陈健华．北京市碳排放交易试点MRV体系研究[J]．标准科学，2015(12)56-8.

[14]广东省发展和改革委员会．广东省企业二氧化碳排放信息报告指南(2014版)[Z/OL]．[2018-10-25]．https://drc.gd.gov.cn/attachment/0/385/385284/1058707.pdf.

[15]广东省发展和改革委员会．广东省发展改革委关于企业碳排放信息报告与核查的实施细则[Z/OL]．[2018-09-25]．https://www.gd.gov.cn/zwgk/gongbao/2015/8/content/post_3364522.html.

[16]张丽欣，段志洁，燕百强，等．美国和欧盟温室气体管理机制对我国电力行业碳排放管理的启示[J]．中国电力，2013(05)77-82.